PUBLICATIONS DE LA RÉUNION DES OFFICIERS

ENCYCLOPÉDIE MILITAIRE

I

LES
CANONS GÉANTS

DU MOYEN AGE
ET DES TEMPS MODERNES

PAR

R. WILLE

LIEUTENANT DE L'ARTILLERIE PRUSSIENNE

TRADUIT DE L'ALLEMAND

PAR

MM. R. COLARD ET S. BOUCHÉ

LIEUTENANTS D'ARTILLERIE

Audax omnia perpeti
Gens humana ruit per vetitum nefas.
HORACE, Od., liv. I, 3.

PARIS

CH. TANERA, ÉDITEUR

LIBRAIRIE POUR L'ART MILITAIRE, LES SCIENCES ET LES ARTS
Rue de Savoie, 6

1872

PUBLICATIONS DE LA RÉUNION DES OFFICIERS

EN VENTE

A LA LIBRAIRIE MILITAIRE DE CH. TANERA

6, rue de Savoie, à Paris

I. — L'ARMÉE ANGLAISE EN 1871, AU POINT DE VUE DE L'OFFENSIVE ET DE LA DÉFENSIVE. — Brochure in-12. . . . . 25 c.

II. — ORGANISATION DE L'ARMÉE SUÉDOISE. — PROJET DE RÉFORME. — Brochure in-12. . . . . 25 c.

III-IV. — MODE D'ATTAQUE DE L'INFANTERIE PRUSSIENNE DANS LA CAMPAGNE DE 1870-1871, par le duc Guillaume DE WURTEMBERG, traduit de l'allemand par M. CONCHARD - VERMEIL, lieutenant au 13ᵉ régiment provisoire d'infanterie. — Brochure in-12. . 50 c.

V. — DE LA DYNAMITE ET DE SES APPLICATIONS PENDANT LE SIÉGE DE PARIS. — Brochure in-12. . . . . 25 c.

VI. — QUELQUES IDÉES SUR LE RECRUTEMENT, par G. B. — Brochure in-12 . . . . 25 c.

VII. — ÉTUDE SUR LES RECONNAISSANCES, par le commandant PIERRON. — Brochure in-12 . . . . 25 c.

VIII-IX-X. — ÉTUDE THÉORIQUE SUR L'ORGANISATION D'UN CORPS D'ÉCLAIREURS A CHEVAL, par H. de la F. — Brochure in-12. . . . 75 c.

XI-XII-XIII. — ÉTUDE SUR LA DÉFENSE DE L'ALLEMAGNE OCCIDENTALE, ET EN PARTICULIER DE L'ALSACE-LORRAINE, traduit de l'allemand. — Brochure in-12. . . . . 75 c.

XIV. — L'ARMÉE DANOISE. — ORGANISATION. — RECRUTEMENT. — INSTRUCTION. — EFFECTIF. — Brochure in-12 . . . . 25 c.

XV-XVI-XVII. — LES PLACES FORTES DU N.-E. DE LA FRANCE, ET ESSAI DE DÉFENSE DE LA NOUVELLE FRONTIÈRE. — Brochure in-12 . 75 c.

XVIII-XIX. — CONSIDÉRATIONS THÉORIQUES ET EXPÉRIMENTALES AU SUJET DE LA DÉTERMINATION DU CALIBRE DANS LES ARMES PORTATIVES, par J. L., capitaine d'artillerie. — Brochure in-12 . . . . 50 c.

XX. — DES BIBLIOTHÈQUES MILITAIRES, de l'établissement d'un catalogue et de la tenue des principaux registres. — Broch. in-12. 25 c.

XXI-XXII-XXIII-XXIV. — L'ARTILLERIE AU SIÉGE DE STRASBOURG EN 1870. — Notes recueillies par un officier de l'artillerie suisse, traduit de l'allemand par P. LARZILLIÈRE, capitaine d'artillerie. — Brochure in-12 avec plan. . . . . 1 fr.

XXV-XXVI. — L'ARTILLERIE DE CAMPAGNE DES GRANDES PUISSANCES EUROPÉENNES ET LES CANONS RAYÉS, traduit de l'allemand par MÉERT, capitaine d'artillerie. — Brochure in-12. . . . . 50 c.

Évreux, A. Hérissey, imp.

LES

CANONS GÉANTS

DU MOYEN AGE

ET DES TEMPS MODERNES

LES
CANONS GÉANTS

DU MOYEN AGE

ET DES TEMPS MODERNES

PAR

R. WILLE

LIEUTENANT DE L'ARTILLERIE PRUSSIENNE

TRADUIT DE L'ALLEMAND

PAR

MM. R. COLARD ET S. BOUCHÉ

LIEUTENANTS D'ARTILLERIE

Audax omnia perpeti
Gens humana ruit per vetitum nefas.

HORACE, Od., liv. I, 3.

PARIS

CH. TANERA, ÉDITEUR

LIBRAIRIE POUR L'ART MILITAIRE, LES SCIENCES ET LES ARTS

Rue de Savoie, 6

1872

AVANT-PROPOS

On ne peut contester que les résultats obtenus
par les gigantesques constructions de gros canons
modernes, n'offrent un très-grand intérêt au point
de vue, soit militaire, soit technologique. Nous avons
cru opportun de faire l'historique de la question, en
remontant jusqu'aux époques où l'artillerie prend
son origine pour descendre successivement jusqu'aux
temps modernes, où les différentes puissances se sont
préoccupées d'établir, soit des vaisseaux cuirassés,
soit des canons propres à percer les cuirasses. Nous
avons cherché sous ce dernier rapport à détailler
sommairement les divers systèmes et à en faire ressortir les différences caractéristiques.

Dans ce travail, nous avons décrit en nous

astreignant à toute la brièveté possible. Vu l'énormité de la tâche, et le nombre des matériaux qu'il a fallu réunir, nombre presque aussi *gigantesque* que le sujet, nous craignons bien que notre ouvrage ne présente çà et là quelques imperfections inévitables. Aussi ferons-nous appel à l'indulgence de nos lecteurs en ajoutant que nous serions heureux de recevoir toutes les rectifications et tous les renseignements complémentaires qu'on voudrait bien nous communiquer, et d'en faire profiter notre œuvre.

L'AUTEUR.

PREMIÈRE PÉRIODE

—

EMPLOI DES BOULETS EN PIERRE[*]

Le mot du sage Ben-Akiba : « Il n'y a rien de nouveau sous le soleil ! » semble s'appliquer à juste titre à l'artillerie comme à tant d'autres choses.

La meilleure preuve qu'on puisse en donner, c'est que dès les temps les plus reculés de l'enfance de l'artillerie, les

[*] Outre de nombreux renseignements verbaux et écrits, l'auteur a consulté les ouvrages suivants :

1. Diego Uffano, capitaine de l'artillerie au château d'Anvers : *Trattado della Artigleria.* 1621.

2. Conte di Marsigli : *Stato militare dell' Imperio Ottomanno.* Amsterdam. 1732.

3. *Braunschweig'sche Chronik.*

4. Dr Moritz Meyer : *Feuerwaffentechnik.* 1835.

5. Le même : *Fabrikation der Geschutzrohre.* 1836.

6. Frhr. von Moltke : *Briefe uber Zustande und Begebenheiten in der Turkei aus den Jahren.* 1835 bis 1839. Berlin bei. E. S. Mittler. 1841.

8. Mallet : *On the physical conditions involved in the construction of Artillery.* 1856.

9. Capitaine Wesener : *Amtlicher Bericht uber die 11. Klasse der Industrie-Austellung zu London im Jahre.* 1862.

10. Henrard : *Histoire de l'artillerie en Belgique.* 1865.

11. Capitaine Grabe : *Kriegsfuhrung an den Meereskusten.* 1865.

12. Général Gillmore : *Engineer and Artillery Operations against the Defences of Charleston harbour in* 1863. New-York. 1865.

13. Général don Francisco Antonio de Elorza : *Memoria sobre la artilleria destinada a la defensa de las costas.* Madrid, 1868.

1

canons monstres qui, de nos jours, font avec raison l'étonnement du monde entier, étaient déjà représentés, et qui plus est, avec des calibres et des dimensions auxquels, jusqu'ici, on n'a pu encore atteindre.

CANONS EN FER FORGÉ

Primitivement l'on fabriquait les canons en réunissant, avec ou sans soudure, des barres en fer forgé maintenues, comme les douves des tonneaux, au moyen de cercles également en fer forgé. Mais ce procédé, qui coûtait autant de peines que de temps, donnait en outre des résultats très-peu satisfaisants ; aussi l'abandonne-t-on bientôt pour y substituer le bronze, dès le commencement du xve siècle.

De ces deux méthodes de fabrication il nous reste encore aujourd'hui quelques échantillons remarquables par leurs proportions gigantesques ; les uns existent, pour d'autres nous n'avons plus que des dessins et des descriptions.

Les trois canons en fer forgé existant encore de nos jours ont leur origine : l'un dans les Pays-Bas, l'autre en Écosse et le troisième dans les Indes.

14. Général Lefroy : *An account of the great cannon of Muhammad II, etc.*

15. Capitaine Nicaise : *Batteries cuirassées.* (Traduction, chez E. S. Mittler und Sohn. Berlin, 1868'.

16. Capitaine von Doppelmair : *Die Preussischen Hinterladungsgeschutze* u. s. w. Berlin bei E. S. Mittler und Sohn. 1870.

PUBLICATIONS PÉRIODIQUES

17. *Militar Wochenblatt.* 1869.

18. *Archiv fur Artillerie und Ingenieur-Offiziere.* Tomes IV, LI, LII, LX, LXI et LXII.

19. *Archiv fur Seewesen.* 1869.

20. *Mittheilungen des osterreich.* Artillerie-Komitees. 1869.

21. *Journal de l'Artillerie russe.* 1869.

22. *Revue maritime et coloniale.* 1869.

MARGUERITE L'ENRAGÉE

Le canon des Pays-Bas est la *Tolle Grete* ou *Gent* (*Marguerite l'Enragée, Margot la Folle,* ou *Dulle Griete*). Il se compose à l'extérieur d'une volée et d'une culasse, à l'intérieur d'une âme et d'une chambre (*). La volée est formée de 32 barres en fer forgé, parallèles à l'axe de la pièce et réunies, comme les douves d'un tonneau, au moyen de 41 cercles soudés ensemble. Comme ces cercles n'ont pas tous la même épaisseur, la volée se divise par suite en 4 cylindres de diamètres différents ; elle porte de plus sur le devant une sorte de bourrelet en tulipe.

La culasse, composée de 20 cercles en fer forgé soudés ensemble, est vissée sur l'arrière de la volée qui est la partie la plus faible de la pièce ; les cercles, d'épaisseurs différentes, divisent la culasse en deux parties cylindriques : deux de ces cercles sont pourvus d'un certain nombre de trous carrés qui servent à introduire des leviers pour monter et démonter la culasse.

Près de la lumière, percée immédiatement en avant du cul-de-lampe et un peu inclinée sur l'axe du canon, sont gravées dans le métal les armes du duc de Bourgogne. Le diamètre de la culasse est bien moins considérable que celui de la volée.

La chambre et la volée sont cylindriques ; le fond de la chambre est sphérique. La longueur totale de la pièce est de $5^m,025$, son plus grand diamètre (près de la bouche) 1^m, et le calibre, 64^c ; la chambre pourrait contenir environ 62 kil. 5 de poudre. Le canon pèse 16400 kil. ; son boulet en pierre pèse 340 kil.

Ce canon lançait, outre le boulet, une sorte de boîte à

(*) *Voir* HENRARD, page 150.

mitraille, ou plutôt (en raison de sa grandeur) de petits barils remplis, au lieu de balles, de ferrailles, de pierres et de morceaux de verre.

D'après Mallet, *Marguerite l'Enragée* aurait été forgée en 1382, lorsque Philippe d'Arteweld, le hardi brasseur de Gand, assiégeait Oudenarde.

Mais ce ne fut qu'en 1411 que les bourgeois de Gand l'employèrent dans la guerre contre le duc de Bourgogne, ainsi qu'en 1452, à la deuxième attaque d'Oudenarde. Cette dernière entreprise fut très-défavorable à la ville de Gand ; les Gantois furent obligés de lever le siége d'Oudenarde, avec beaucoup de précipitation, et de laisser entre les mains des assiégés la plus grande partie de cette pesante artillerie et naturellement aussi *Marguerite l'Enragée*. Les vainqueurs traînèrent avec bien de la peine leur précieux butin dans la ville, où ils le conservèrent près d'un siècle comme trophée de leurs combats. Oudenarde étant à cette époque l'alliée du duc de Bourgogne, on est en droit de supposer que ce fut dans cette période que *Marguerite l'Enragée* fut décorée des armes des ducs de Bourgogne. Gand ne pouvait cependant oublier, même dans le courant d'un siècle, la rude perte qu'elle avait faite ; aussi, lorsque pendant la guerre de l'indépendance des Pays-Bas contre la domination espagnole, Oudenarde fut de nouveau attaquée et cette fois prise par les Gantois, sous le commandement de Rokelfing, la première préoccupation des vainqueurs fut de frêter un bâtiment sur l'Escaut avec *Marguerite l'Enragée* et de la reconduire, le 8 mars 1578, dans leur patrie où l'on peut encore la voir aujourd'hui.

Si l'on songe que l'art de travailler le fer était encore complétement dans l'enfance au XIVe siècle, on est saisi d'étonnement et en même temps d'admiration en présence de cette énergie et de cette persévérante ténacité, capables seules, à cette époque, de triompher des difficultés que présentait la fabrication d'un canon pesant plus de 15000 kil. (*).

LE MONS MEG

Comme deuxième représentant des canons géants en fer forgé fabriqués à cette époque, on peut citer le *Mons Meg* d'Écosse; cette pièce est actuellement conservée au bastion du roi au château d'Édimbourg (**).

Son mode de construction est, presque sous tous les rapports, semblable à celui de *Marguerite l'Enragée*, si ce n'est toutefois que la chambre et l'âme sont garnies intérieurement d'une couche de barres de fer parallèles. L'âme et la chambre du *Mons Meg* présentent aussi une différence essentielle ; elles ont une forme conique et diminuent progressivement de diamètre du fond à la bouche. Cette disposition a une certaine analogie avec le système de rayures progressives nouvellement employé pour quelques canons se chargeant par la bouche. D'après Mallet, on aurait adopté cette forme conique eu égard aux effets balistiques, et de plus dans le but de ménager la pièce ; mais si l'on considère le peu de progrès qu'avait fait à cette époque la science de l'artillerie, cette opinion semble peu vraisemblable. Cette disposition conique de la couche de barres parallèles a été bien plutôt adoptée pour faciliter autant que possible le placement à chaud des cercles destinés à maintenir ces barres.

(*) Le canon de 50 pieds de longueur, que les bourgeois de Gand auraient. d'après FROISSART, employé dès 1382 au premier siége d'Oudenarde. Ce canon, qui lançait un boulet en pierre de 600 livres, semble appartenir complétement au domaine de la fable.

(**) *Voir* MALLET, page 181.

La longueur totale du *Mons Meg* est de 3^m,97, son plus grand diamètre 0^m,73, le diamètre de l'âme près de la bouche 0^m,50, à l'entrée de la chambre 0^m,52, enfin le diamètre de la chambre en avant est de 0^m,25, et au fond de 0^m,26. Le canon pèse 6600 kil. et son boulet en granit 150 kil.

La *Description Statistique de l'Écosse* (*) contient sur l'origine et les exploits du *Mons Meg* le récit fabuleux suivant :

Lorsqu'en l'an 1455 le parlement d'Écosse eut mis au ban du royaume la famille puissante des Douglas, le roi Jacob II entreprit le siége du château de Threave, dernier refuge des bannis. Parmi les campagnards, qui accouraient alors de tous côtés pour suivre les phases du siége, se trouvait un forgeron nommé M'Kin ou M'Kew avec ses fils. Cet homme, voyant que l'artillerie du roi ne pouvait presque rien contre les solides murailles du château, proposa de fabriquer un canon d'un effet beaucoup plus puissant, à condition qu'on lui fournirait le fer nécessaire à ce travail. Le roi accepta avec joie cette offre, et les habitants de Kirkcudbright, pleins de patriotisme, donnèrent chacun une barre de fer pour cette louable entreprise. M'Kin se mit aussitôt à l'œuvre et forgea, à Buchan's Croft, dans le voisinage du camp du roi Jacob, un canon qui fut baptisé du nom de *Mons Meg*, et qui, par ses puissants effets, amena en peu de temps la reddition du château. Le roi, reconnaissant, donna alors en fief à cet Armstrong du xve siècle les terres de Mollance; l'heureux forgeron prit aussitôt, suivant la coutume de cette époque, le nom de ses terres. C'est sans doute à cause de ce fait que quelques écrivains prétendent que cette pièce tire son nom de Mollance, Mons étant une abréviation de Mollance, tandis que Meg serait le prénom de la femme de

(*) *The Statistical account of Scotland.*

M'Kin, laquelle avait une voix tellement puissante qu'elle pouvait avec avantage faire concurrence à sa filleule.

L'explication la plus vraisemblable est que Mons ne serait autre chose que l'abréviation de *Monster* (monstrueux, gigantesque); Meg, en allemand, *Grete* (Marguerite), est d'ailleurs un nom que l'on donnait autrefois très-volontiers aux canons, comme le prouve la *Tolle Grete* de Gand, ainsi que la légendaire *Faule Grete* de Brandebourg (sous l'électeur Frédéric Ier) et la *Tolle Grete* de Diest.

Un deuxième canon que le roi Jacob fit forger d'après le modèle du *Mons Meg* lui fut funeste; ce canon éclata en 1460 au siége du château de Roxburgh et tua le roi qui était à côté.

Le *Mons Meg* fut de nouveau employé au siége de Dunbarton; il fut ensuite transporté à Édimbourg et huit ans plus tard à Norham; il servit en 1558 à tirer des salves à la célébration du mariage de la malheureuse Marie Stuart avec le dauphin de France; il tira encore en 1682 en l'honneur du duc d'York. Dans cette dernière occasion quelques cercles de la culasse éclatèrent sans cependant mettre sérieusement en danger la couche intérieure des barres; cet accident doit vraisemblablement être attribué à la poudre que l'on venait d'adopter : cette poudre brûlant plus rapidement que celle employée précédemment, était par suite plus brisante. Mallet, dans ses *Physicals conditions*, tire de ce fait les intéressantes considérations suivantes :

« En tenant compte du peu d'épaisseur du métal, surtout à la partie antérieure de la volée, on est forcé de reconnaître l'habileté avec laquelle furent fabriqués de semblables canons. Malgré les difficultés de toutes sortes que leur opposait la métallurgie, alors encore dans son enfance, sans aucunes données théoriques, les artisans de cette époque parvinrent cependant, par leur bon sens et une recherche patiente de la bonne voie, à trouver un mode de construction qui peut soutenir avec honneur la critique de la science de nos jours, et ils fournirent des canons qui ne furent surpassés en grandeur que dans les temps les plus récents. Cette puissante artillerie est en parfait accord avec les systèmes de fortification en usage depuis le xiiie jusqu'au commencement du xvie siècle. Toutes ces fortifications consistaient en des murs en pierre, et ce ne fut qu'au xve siècle qu'on commença à faire des ouvrages en terre. Pour obtenir des effets extrêmement puissants dans le tir en brèche contre ces maçonneries, il n'y avait pas d'autre procédé, au point où en était la science de l'artillerie au moyen âge, que de lancer contre elles, avec une vitesse moyenne, des boulets pleins d'un poids considérable. De nos jours, en Europe, on est revenu, pour les fortifications les plus solides, à l'emploi sur une grande échelle des casemates en maçonnerie; nos batteries flottantes sont maintenant à l'épreuve de la bombe (?); revenons aussi aux anciens canons, mais en les perfectionnant et en les rendant plus puissants. »

A en juger par ce raisonnement, M. Mallet nous semble être un artilleur de la *secte* de Ben-Akiba.

LE CANON DE MOORSHEDABAD

Le troisième des canons géants, existant encore aujourd'hui, se trouve dans les Indes orientales. Il y a quelques années, M. H. Torrens, plénipotentiaire anglais à la cour du nabab Nazim, au Bengale, le fit tirer du fond du lit du fleuve sacré de Bhagirathi et placer devant le palais de Moorshedabad. Son mode de construction est analogue à celui de la *Marguerite l'Enragée;* il a, comme celle-ci, une culasse formée de cercles et pouvant se séparer de la volée.

La longueur totale de ce canon (y compris la culasse) est
de 5ᵐ,1, son calibre de 47ᶜ. Jusqu'à présent on ne sait
encore rien de certain sur l'origine et les aventures de ce
canon.

CANONS DE BRONZE

En passant maintenant des canons géants en fer forgé aux
canons en bronze du xvᵉ siècle, saluons avant tout, parmi
ces derniers, un vrai canon allemand ; ce canon n'existe
plus aujourd'hui, il est vrai, mais nous en possédons encore
le dessin et la description complète.

LA MESSE POURRIE

Nous voulons parler de la *Faule Mette* ou *Metze* (la Messe-
Pourrie) de Brunswick qui, d'après la chronique de Brunswick, a été fondue en 1411. Ce canon ne pesait que 9000 kil.,
mais il lançait des boulets en pierre, pesant en moyenne
375 kil., avec la charge de 26 kil. et de 35 kil. de poudre.
D'après ces données, son calibre devait être de 25 pouces ½
(66ᶜ) et le boulet plein en fonte correspondant à ce calibre
devait peser 975 kil. (*).

Dans ses formes principales, cette pièce ressemblait beaucoup à *Marguerite l'Enragée* et à ses rivales ; sa volée était,
comme celle de ces dernières, d'un diamètre plus grand
que celui de la culasse ; cependant volée et culasse ne for-
maient qu'une seule pièce. Comme les canons en fer forgé,
elle ne possédait ni tourillons, ni bouton de culasse ; mais

(*) Dans ce calcul, on a pris comme poids spécifique du granit 2,75, et
comme poids spécifique de la fonte 7,25.

Le poids en livres d'un boulet en fonte s'obtient, comme on sait, avec
une approximation suffisante, en élevant au cube la longueur en pouces de
son demi-diamètre.

elle était pourvue de chaque côté de 4 anses et de 2 demi-anses ; elle était en outre richement décorée de nombreuses moulures, cannelures et même de dessins artistiques en relief (parmi eux les armes de Brunswick). Sur la volée, près de la bouche, était gravée en lettres gothiques l'inscription suivante : *na. godes. bort.* MCCCC *in. dem. elften. iar* (En l'an 1411 après J.-C.).

L'histoire de cette pièce nous apprend clairement que l'effet utile des canons géants de ce temps n'était et ne pouvait être aucunement en rapport avec les dépenses considérables de leur fabrication ; l'art de travailler le bois et le fer avait fait à cette époque bien peu de progrès ; on se trouvait dans l'impossibilité la plus complète de donner à ces canons des affûts proportionnés à leur taille, assez résistants et n'ayant cependant pas un poids exagéré, puis d'installer le mécanisme nécessaire à leur service et à leur transport. Ordinairement on plaçait tout simplement le canon sur quelques madriers non équarris et l'on appuyait, pour empêcher tout recul, la partie antérieure de la culasse contre quelques poteaux solidement enfoncés et arc-boutés.

Il va sans dire que, dans ces circonstances, il ne pouvait être question de changer ni la direction, ni l'inclinaison primitive de la pièce ; si l'ennemi ne se trouvait pas exactement dans le plan de tir, on était réduit à attendre cet heureux hasard ou bien encore à tirer en l'air en priant sainte Barbe, patronne des artilleurs, de vouloir bien intervenir et diriger le projectile vers le but qu'on désirait atteindre.

Ces deux procédés n'étaient pas alors à dédaigner parce qu'on avait, d'un côté, largement le temps d'attendre, vu qu'on ne tirait qu'un coup toutes les vingt-quatre heures, que d'un autre côté, la poudre était mauvaise, et que l'âme

et les boulets étaient d'une forme passablement irrégulière ;
de sorte que la précision du tir n'entrait guère en considération. Aussi chaque coup tiré mettait toute la contrée en
éveil, et laissa ainsi une large part aux suppositions sur
l'intervention de sainte Barbe.

La *Messe pourrie* (*) fournit sous les deux rapports hon-
nêtement sa part, car elle ne tira que 9 coups dans le
courant de 317 années, et de ces 9 coups 4 seulement
contre l'ennemi, lesquels ne lui firent heureusement aucun
mal.

Ce qui précède ne nous étonnera pas lorsque nous sau-
rons, qu'indépendamment de l'impossibilité de pointer ce
canon, il avait aussi l'inconvénient d'être d'un poids si
considérable, qu'il était impossible de le faire sortir de la
ville, et qu'on ne devait, par conséquent, l'utiliser que pour
la défense des remparts.

Il eut cependant, en 1492, à l'âge respectable de 81 ans,
la première occasion de faire quelques exploits guerriers.

Le duc Henri cherchait à cette époque à s'emparer de
Brunswick ; la *Messe Pourrie* tira alors 2 coups en deux jours,
dont le deuxième faillit atteindre le quartier général du
prince. Après cet effort considérable, vint une pause de 58.ans,
jusqu'à ce qu'il plût, en 1550, au duc Henri (le cadet) d'as-
siéger une seconde fois la bonne ville de Brunswick.

Les murailles de la ville recélaient sans doute alors un
artificier ou arquebusier particulièrement hardi et entre-
prenant, car, on eut l'idée téméraire de transporter la *Messe
Pourrie* par la porte Saint-Michel, sur les ouvrages extérieurs ; mais on ne parvint malheureusement pas à la

---

(*) *Messe sabbatique* célébrée par le *Mons Meg*. Voir *la Sorcière* de
MICHELET.

réalisation de cette belle idée, car, nous dit la chronique, lorsqu'on voulut passer ce canon sur le pont, celui-ci, qui à cette époque n'était pas encore voûté, parut ne pas pouvoir supporter ce poids et menaça de s'écrouler. On crut donc plus sage de ne pas pousser l'essai plus loin, et on plaça la *Messe Pourrie* sur le bastion Saint-Michel, d'où elle tira 2 coups en trois jours.

Au premier coup le boulet en pierre éclata avant de sortir de l'âme. Quarante-huit heures après on tira un second coup, le projectile passa cette fois par-dessus le camp du duc, qui avait une étendue de trente arpents au-delà de l'étang de Melmerode. Bref, la *Messe Pourrie* tira cette fois trop loin, tandis que les 2 coups tirés en 1492 avaient été trop courts.

C'était du reste le dernier boulet qu'elle devait envoyer dans la direction de l'ennemi, sinon dans ses rangs, et les Brunswickois purent se vanter d'avoir employé deux fois virilement, à la défense de la ville, un canon qui était considéré comme le plus gros de l'Allemagne, sans que cependant les atteintes de ce monstre aient égratigné personne.

Plus tard on utilisa la *Messe Pourrie* comme le *Mons Meg*, pour tirer des salves d'honneur à l'occasion de l'entrée solennelle du duc Julien de Brunswick, ainsi que pour célébrer la paix après la guerre de Trente ans, ce qui lui convenait infiniment mieux que d'échanger des boulets avec les canons plus justes de l'assiégeant.

Mais la pauvre *Messe Pourrie* devait même, pour ce pacifique tir de réjouissance, éprouver toutes sortes de contre-temps.

En 1650, à l'occasion de la célébration de la paix de Westphalie, on commit l'imprudence de la faire tirer, contre toute habitude, deux fois le même jour, on espérait même pouvoir accomplir une troisième fois cet exploit; la troisième fois cependant, dit la chronique, on ne put y réussir, car le canon s'était, par suite d'un mouvement extraordinaire, enfoncé profondément en terre, de telle sorte que l'on fut obligé de le retirer au moyen de crics en fer et autres engins. Ce qui prouve, du reste, la grande importance qu'on donnait même aux salves d'honneur de ce colosse, c'est qu'on fait ressortir ce fait, que « M. Bromby, lieutenant colonel dans l'artillerie, y avait mis le feu de sa main. » Mais : *De mortuis nil nisi bene !* Il y a longtemps que la *Messe Pourrie* a été sciée en morceaux et transportée à la fonderie; qui peut dire si, de son métal, on n'aura pas fabriqué quantité de canons prussiens qui, par leurs nombreux et rudes coups contre les ennemis de la Prusse, auront grandement effacé le reproche de paresse (*Faulheit*) qu'implique son nom à double sens.

LE CANON DU RENÉGAT URBAN

Peu d'années après la destruction de cette pièce, naissait dans des contrées lointaines de l'ouest de l'Europe un autre canon semblable comme grandeur et qui était appelé à jouer un rôle important dans les événements du xv⁰ siècle. Il reçut, au service de Mahomet II, la destination de détruire les murs de Byzance, dernier rempart de l'empereur d'Occident à l'agonie.

Le célèbre historien anglais Gibbon nous fait sur ce canon l'intéressante communication qui suit (*) :

« Parmi les instruments de destruction, Mahomet II

(*) *Decline and Fall of the Roman Empire.*

s'occupait de préférence des inventions nouvelles des Latins, et son artillerie surpassait tout ce que l'on avait vu jusqu'à cette époque. Un fondeur du nom d'Urban Wengerez, hongrois ou danois de naissance, qu'on avait presque laissé mourir de faim au service des Grecs, passa aux Musulmans et fut reçu avec empressement par Mahomet II, ravi de sa réponse à la première demande qu'il lui fit.

« Peux-tu, lui demanda le sultan, fondre un canon capable de lancer un boulet ayant une masse suffisante pour détruire les murs de Constantinople ?

« Je ne connais pas la force de ces murs, répondit Urban, mais seraient-ils plus solides que les murs de Babel, je parviendrai toujours à fabriquer une machine capable de les détruire ; cependant, le montage et le maniement de cette machine devront être confiés à des hommes du métier, de votre armée. »

Mahomet fit aussitôt installer une fonderie à Andrinople, sa principale place d'armes. Urban fabriqua, en trois mois, un canon de bronze ayant 24 pouces de calibre et lançant un boulet de pierre qui pesait 300 kil., le poids du boulet en fer que ce canon aurait pu lancer se serait donc monté à 800 kil.

Une place libre devant le palais du sultan fut choisie pour le premier essai, et afin d'épargner au peuple les impressions désagréables résultant de l'explosion, on fit annoncer un jour à l'avance, l'heure à laquelle le canon devait être tiré pour la première fois.

On éprouva la secousse de ce coup dans une étendue de 100 stades ou 4600ᵐ ; le boulet fut lancé à une distance de 2000 pas, avec une pénétration d'une toise.

On fut obligé, pour pouvoir transporter ce canon d'Andrinople à Byzance, de construire un train de trente voitures

réunies attelé de soixante bœufs ; cent hommes marchaient
de chaque côté pour tenir cette masse roulante en équilibre,
et deux cent cinquante ouvriers furent envoyés en avant
pour aplanir les chemins et consolider les ponts.

On mit deux mois pour franchir la distance de 55 kilom.
existant entre les deux villes.

Devant Constantinople, ce canon placé à côté de deux
autres canons géants ne pouvait, malgré les impatiences de
l'ambitieux Mahomet, être chargé et tiré que quatre fois
par jour.

Mais avant d'atteindre son but et de déterminer la chute
de Byzance, il éclata et l'un de ses fragments tua le renégat
qui l'avait fondu dans l'intention de combattre ses anciens
coreligionnaires. On crut pouvoir épargner le même sort
aux deux autres canons géants, en versant après chaque
coup de l'huile dans l'âme.

A cette occasion, il ne faut pas oublier une curiosité phi-
losophico-militaire ayant trait aux événements ci-dessus.

Voltaire dit, dans son *Histoire générale*, en parlant du
canon Urban : « que l'on a sans doute estimé bien au-
dessus de la vérité les dimensions de ce canon monstre,
et que ce fait est dû peut-être aux exagérations vani-
teuses de la nation grecque vaincue. » Il prétend même
avoir trouvé par ses calculs, qu'un boulet de 200 livres seulement, exige, pour être lancé, une charge de 75 kil. de
poudre ; il pense que la vitesse imprimée, même avec cette
charge, serait insignifiante, parce qu'il n'y aurait pas la
quinzième partie de la poudre qui pourrait prendre feu ins-
tantanément. »

Quelque haute opinion qu'on puisse avoir de Voltaire
comme penseur, homme d'esprit, historien et philosophe
érudit, on est forcé d'avouer, d'après cette assertion, que

ses connaissances comme artilleur étaient fort médiocres, et qu'on peut lui appliquer ces deux excellents proverbes : (*Ne sutor ultra crepidam* et *si tacuisses, philosophus mansisses*).

FORTIFICATION ET ARMEMENT DES CHATEAUX DES DARDANELLES

Plus tard aussi, les Turcs se signalèrent par la fabrication de canons géants, dont quelques-uns dépassaient de beaucoup en grandeur, le canon de Mahomet.

Ces canons font partie encore aujourd'hui de l'armement des châteaux des Dardanelles ; ils eurent en cette qualité il y a un demi-siècle, c'est-à-dire dans un temps où l'éclat de la gloire des Ottomans était à peu près éteint, l'occasion de prendre une part décisive à un combat avantageux pour les Turcs et unique en son genre.

Le chef d'état-major de l'armée prussienne, M. le baron de Moltke, donne, dans deux de ses ouvrages, sur ces canons et leur efficacité d'alors, quelques développements très-intéressants. Voici ce qu'on lit dans les *Lettres sur les affaires de la Turquie*, de 1835 à 1839, Berlin, 1841 ; et dans la campagne *Russo-Turque* en *Turquie d'Europe*, 1828 et 1829, Berlin, 1845 :

« Les Dardanelles sont défendues par quatre châteaux ou forts et plusieurs grandes batteries qui, ensemble, étaient armés avec 580 canons, de calibre variant depuis 1 jusqu'à 1,600 livres (poids du boulet de pierre). La longueur d'âme des canons variait depuis 5 jusqu'à 32 de calibres.

« Comme provenance, ils ont appartenu à différentes nations ; on en trouve d'origine turque, anglaise, française, autrichienne ; il y en a même marqués du chapeau de grand électeur. Presque tous ces canons sont en bronze quelques-uns sont fabriqués avec des barres et des cercles en fer forgé réunis comme *Margot la Folle* et le *Mons Meg*.

« Les pièces du plus gros calibre sont dites les *Kemerliks*; elles sont au château Sed-il-bar (Chef de la mer), situé à l'embouchure sud-ouest du détroit des Dardanelles, sur la côte d'Europe.

« Ces canons sont placés sur de simples chantiers de bois couchés à terre, et braqués dans les embrasures des casemates du fort. Quelques-uns pèsent plus de 300 quintaux et ont 33 pouces de calibre, ce qui correspond au diamètre d'un boulet en pierre de 16 quintaux (*), tandis que le boulet en fer pèserait 44 quintaux. La charge de poudre, qui monte au poids considérable de 69 kil., est introduite dans la chambre de la pièce ; le ricochet sur la nappe d'eau, du boulet de granit ou de marbre, pesant 800 kil. le porte jusque sur la côte asiatique éloignée de 5000 pas.

« Pour diminuer les effets du recul, on a bâti derrière la culasse des *Kemerliks* des murailles en énormes pierres de taille qui sont cependant démolies après quelques coups. Mallet raconte avoir vu un canon dont l'âme était d'une grandeur si extraordinaire qu'un tailleur poursuivi pour dettes s'y était réfugié et tenu caché pendant plusieurs jours. »

Le vice-consul anglais Wrench a communiqué dernièrement au général Lefroy un rapport sur les canons existant encore en janvier 1868, dans les châteaux des Dardanelles.

Il y avait en tout 21 canons, variant comme calibre de 19 pouces 5 lignes à 29 pouces 5 lignes (mesures anglaises), et

(*) Un quintal prussien vaut 50 kil.

comme longueur, de 10 pieds 7 pouces à 16 pieds 7 pouces (mesures anglaises).

Trois de ces canons ont éclaté depuis, et deux autres sont près de subir le même sort.

Le sultan Abd-ul-Aziz a fait don, il y a quelque temps, au gouvernement anglais, d'un des 16 canons restants, lequel se trouve actuellement à Woolwich où il est connu sous le nom de *Mahomet II*. Il a été fondu en 1464 par Munir-Ali, et il se compose de deux parties en bronze, se vissant l'une dans l'autre ; il est pourvu d'une chambre ; son poids est d'à peu près 7500 kil. ; le calibre est de 63^c et sa longueur de 5^m,25 ; sa forme extérieure est cylindrique ; le profil comporte plusieurs groupes de listels, astragales et autres décorations en relief.

Quatre analyses faites à Woolwich, par le professeur Abel, sur les différentes parties du canon, ont accusé une composition comme alliage de 90 p. 100 de cuivre et 10 p. 100 d'étain jusqu'à 95 p. 100 de cuivre et 5 p. 100 d'étain, plus quelques traces d'autres métaux (*).

Les châteaux des Dardanelles construits en 1650, en partie par Mahomet II, après la prise de Constantinople, et en partie par Mahomet IV, étaient alors généralement considérés comme imprenables ; mais dans le courant du siècle précédent ils tombèrent dans un tel discrédit, que le 26 juillet 1770, l'amiral russe Elphinstone, dans sa poursuite de deux navires turcs, passa sans être atteint d'un seul projectile, avec trois navires et une frégate, sous les canons des deux châteaux neufs (le *Sed-il-bar* et le *Kumkaleh*), lesquels

---

(*) On trouve des communications plus détaillées sur ce canon, ainsi que sur plusieurs autres canons géants, dans : *An account of the great canon of Muhammad II*. Traduit du *Journal d'Artillerie russe*, par PFISTER, lieutenant en premier. Cassel, chez Lukhardt, 1870.

étaient chargés de défendre le passage de la mer Egée dans l'Hellespont.

On n'avait, par des considérations supérieures d'économie, approvisionné chaque batterie que *d'un* coup par pièce.

Péniblement affectée d'un si désagréable accident, la Sublime-Porte accepta volontiers la proposition du baron hongrois Tott, lequel mit aussitôt les châteaux dans un état de défense très-respectable. Cet état de défense, grâce à la fatale insouciance des Musulmans, fut de si peu de durée, que déjà, le 19 février 1807, l'amiral anglais lord Duckworth, traversa sans pertes et presque sans résistance, l'Hellespont, avec 8 vaisseaux, 4 frégates, plusieurs galiotes à bombes et alla avec sa flotte se présenter le 30 février, sous les murs de la capitale ottomane.

Les Turcs qui ne se doutaient pas d'un coup semblable et ne le croyaient même pas possible, furent d'abord dans la plus grande consternation. L'influence et l'énergie de l'ambassadeur français Sebastiani, décidèrent cependant le Divan à ne pas céder aux exigences des Anglais, mais bien de se préparer au plus vite à la résistance la plus énergique. On construisit alors avec une rapidité merveilleuse, de nombreuses batteries, sur les rives de Tophané et du Seraï, pendant que l'on poursuivait avec la plus grande activité l'armement des châteaux des Dardanelles.

Dans ces circonstances, l'envoyé britannique ne pouvait plus espérer donner une grande importance politique au succès de la tentative de son amiral; il fut au contraire obligé, au bout de 8 jours, de lui donner le bon conseil d'assurer sa retraite pendant qu'il en était encore temps, ce que fit lord Duckworth sans plus tarder. Il mit à la voile le 2 mars, et se dirigea vers la rade de Ténédos, en traversant l'Hellespont, mais non sans essuyer, pendant la traversée,

un feu terrible de toutes les batteries et de tous les canons des châteaux, qui firent un mal notable à l'escadre.

A bord de *l'Active*, un boulet en granit pesant 250 kil.
et ayant 26 pouces de diamètre, traversa les puissantes
pièces de bois qui soutiennent l'ancre, et servent à en retarder la chute; il roula ensuite jusque par-dessus le pont.
Un autre boulet enleva la roue du gouvernail du vaisseau
la *République;* un troisième brisa le grand mât du *Wyn-
dham;* un quatrième fit au *Royal Georges*, vaisseau de
ligne de 110 canons, une si forte avarie qu'il se déclara une
voie d'eau à la ligne de flottaison; le vaisseau commençait
à couler et ne put être sauvé que grâce aux efforts de son
équipage. Enfin un cinquième projectile en granit atteignit
si malheureusement la batterie basse du vaisseau de ligne
Windsor-Castle, qu'il mit le feu à une certaine quantité de
poudre, ce qui occasionna une explosion terrible, qui tua
ou blessa 46 hommes ; plusieurs autres, saisis de terreur,
sautèrent dans l'eau et se noyèrent.

Ce que nous venons de raconter, est un de ces cas
exceptionnels, où de lourds canons du moyen âge, comme
les *Kemerliks* des Dardanelles, purent malgré leurs miséra-
bles affûts, produire un effet notable.

Après cette traversée, lord Duckworth dut s'estimer fort
heureux, malgré les pertes subies, d'avoir pu sauver son
escadre, ce qui une semaine plus tard, lui aurait été tout
à fait impossible.

— Nous nous sommes étendus de préférence sur les
remarquables canons géants des premiers temps de l'artillerie; il nous reste encore à dire un mot sur quelques autres
moins dignes de remarque.

Le mieux connu et le plus ancien des canons en bronze
d'Europe, de grandeur plus qu'ordinaire, fut fondu à

Marienbourg en Saxe, en 1408 (trois ans avant la *Messe Pourrie* de Brunswick). Son poids était de 6500 kil. Soixante-dix ans après, Louis XI de France, qui, dans ses interminables querelles avec l'Angleterre et la Bourgogne, avait su apprécier suffisamment le don d'infinie persuasion de l'*Ultima ratio regum*, fit fondre à Paris, Tours, Orléans et Amiens, les douze canons, surnommés les *Douze Pairs de France*, lesquels lançaient, avec une charge de 166 kil. (?) des boulets de pierre de 250 kil. à la distance de 6700 pas. Ces boulets avaient un diamètre d'à peu près 22 pouces.

Un de ces canons éclata au premier coup et tua son fondeur, ainsi que 14 autres personnes.

La *Couleuvrine* de Saint-Dizier avait un calibre de 20 pouces $\frac{3}{4}$ et lançait des boulets en granit du poids de plus· de 200 kil; le boulet en fer de ce calibre aurait donc pesé 550 kil.

Au Kremlin, à Moscou, on voit plusieurs canons d'une grandeur extraordinaire ; le plus grand est le *Zarj Puschka* ou canon du Czar. On y trouve aussi un canon avec chambre, qui fut fondu en 1586, par maître André Tschachoff; il pèse 39000 kil., a 92ᶜ de calibre et une longueur de 5ᵐ,35. Ce canon n'est autre chose qu'une colossale pièce de parade et il n'a probablement jamais fait feu ; tout porte à croire que dès son origine il n'a pas été destiné à un service de guerre.

Il est néanmoins digne d'admiration au point de vue artistique, vu surtout l'époque de sa fabrication.

Mallet nous parle aussi dans ses *Physicals conditions*, etc., de quelques remarquables canons en bronze, récemment découverts dans les Indes orientales.

Le colonel Symes, dit, dans son rapport intitulé *Embassy*

to Ava, in 1795, avoir vu dans la ville d'Arracan, un canon conquis par les Birmans, lequel sur une longueur de 8^m,83 avait près de 24^c de calibre ; le diamètre extérieur était de 73^c,5 à la bouche.

Les deux canons existants à Bejapore, nommés tous deux *Moolk-al-Meidan*, c'est-à-dire les maîtres du champ de bataille, ont aussi tous les deux la même longueur (4^m,20). On y remarque des caractères en relief (langue persane et arabe) ; le calibre est de 72^c, l'épaisseur du métal est de 40^c à la culasse et de 38^c,5 à la bouche, le poids est de 40000 kil. ; tandis que l'autre n'a que 61^c de calibre et une épaisseur de parois de 31^c à la volée. Un quatrième canon indien, en bronze, dit le grand canon d'Agra, fut fondu en 1628 ; il pesait 30000 kil. ; il mesurait 4^m,25 de longueur ; son calibre n'était que de 53^c, et son épaisseur de métal 39^c. Lord Bentink le fit scier en 1832 ; les morceaux en furent vendus à Agra, alors capitale de l'Indoustan.

Actuellement on trouve encore, sur la place d'armes de Woolwich, un canon en bronze, qui d'après son inscription fut fondu en 1677, et conquis par les Anglais à la prise de Bhurtpore (1826). Ce canon pèse 18000 kil. ; il tirait avec une charge de 9 kil. un boulet en fer pesant 27 kil. ; ce qui, pour canon lisse, est la proportion normale, c'est-à-dire 1 : 3.

Les principales dimensions de ce canon étaient :

Longueur.	4^m,75
Calibre.	20^c,5
Diamètre extérieur à la culasse.	99^c
id. id. à la bouche.	61^c

Extérieurement cette bouche à feu est magnifiquement ornementée : en revanche la fonte a été fort médiocrement exécutée : le métal est rempli de soufflures ; l'alliage s'éloigne notablement des proportions normales. Mallet suppose qu'elle a été coulée à noyau, la bouche en bas.

Ce canon est d'autant plus intéressant, qu'en dehors de ce qu'il présente de remarquable, à cause de l'époque de sa fabrication, son mode de construction indique nettement la transition des projectiles en marbre et granit, aux projectiles en fer, et la tendance à remplacer les anciens canons, au calibre gigantesque, par des canons plus légers.

—

EMPLOI DES BOULETS PLEINS EN FER

ET RÉDUCTION DES CALIBRES

La première apparition de projectiles en fonte de fer peut dater de 1378, mais il se passa encore un temps assez long avant que tout le monde fût d'accord sur les points suivants : avantage d'un plus grand poids spécifique (2 fois $\frac{1}{2}$ plus grand); d'une plus grande dureté et tenacité; de l'économie de temps et de dépenses dans la fabrication de la fonte de fer, comparativement au granit et au marbre; et de la réduction des diamètres du boulet et de l'âme, tout en conservant le même poids, réductions indispensables à cette époque où les difficultés déjà si considérables du service des bouches à feu, commencèrent à prendre des proportions dépassant toutes les limites, à mesure que les pièces devenaient plus lourdes.

CANONS TURCS

Les plus anciens canons lançant des boulets en fer étaient des canons turcs. A Belgrade, se trouvaient plusieurs canons de 8 mètres de longueur, qui furent employés en 1565 au siége de Malte, leurs boulets pesaient les uns 40 kil., les autres 55 kil. ; on les lançait avec une charge de poudre qui n'était pas inférieure à 25 kil. Quelques-uns de ces canons existaient encore en 1717, lorsque le prince Eugène conquit Belgrade ; le comte Marsigli vit vers 1730, à Bude, sur le front du Danube, un canon d'origine turque, du calibre de 120 livres (projectile en pierre), et d'un calibre d'environ 34°; et un autre à Szigeth, château fort en Hongrie, lequel château devint célèbre en 1566, par l'admirable défense qu'y fit Zriny.

L'ASIA DE BERLIN

La Prusse peut aussi revendiquer un canon appartenant à cette catégorie. Cette bouche à feu, abstraction faite de ses énormes dimensions, présentait un grand intérêt artistique par le nombre et la richesse de ses moulures et décorations.

Ce canon est la célèbre *Asia*, sur le compte de laquelle le lieutenant Malinowski Ier (3e année des *Archives*) reproduit les très-intéressants détails qui suivent.

Le roi Frédéric Ier, très-amateur de belles choses, eut l'idée de faire fondre 4 canons en bronze de 100 livres de calibre, indépendamment des douze, appelés les *Douze Électeurs*, qui n'étaient que du calibre de 24, et de les désigner par les noms des quatre parties du monde.

L'*Asia* fut cependant le seul de ces canons qui fut fondu à Berlin, en 1704, par Jean Jacobi, fondeur de la cour, devenu célèbre par les statues du grand Électeur et du roi Frédéric Ier. On soumit ce canon, le 7 juin de la même année 1704, à une expérience de tir, qui eut lieu derrière le grand arsenal, et qu'il supporta d'une manière satisfaisante. Son poids était de 180 quintaux métriques, sa longueur (sans bouton de culasse ni cul de lampe) de 6^m,48 et son calibre de 24^c; son boulet plein du poids de 45 kil., à peu près, pouvait, avec une charge de poudre de 23^k,375, être lancé à une distance maximum de 4050^m.

Les dépenses de fabrication de ce canon s'élevèrent à la somme de 13617 thalers ou 76 thalers par quintal métrique; sa volée portait, en grand relief, magnifiquement ciselées et dorées au feu, les décorations suivantes : Entre le listel de la bouche et l'astragale, la représentation d'une bataille; en dessous les armes du prince Philippe Guillaume, général feld-maréchal d'artillerie, accompagnées d'une inscription en rapport; au milieu de la volée une figure, dite le Triomphe asiatique, c'est-à-dire Minerve, habillée (chose singulière) d'un pantalon, et se reposant sur un chameau à genoux; elle tenait dans la main droite un sceptre, dans la main gauche un étendard de triomphe portant l'inscription *Asia;* et enfin, à l'arrière plan, ainsi que des deux côtés, des emblêmes en rapport (un Turc, un chameau et un palmier); sous ce groupe, le chiffre royal entouré de la chaîne de l'ordre de l'Aigle noir; entre la plate-bande et le listel de la volée, une caravane, et, sur le cul de lampe, les armes royales sur un écusson tenu par deux aigles. Ces décorations allaient depuis les tourillons jusqu'à la plate-bande de culasse. Les anses et le bouton de culasse étaient formés par trois chameaux à genoux; une quatrième figure, semblable aux trois autres, mais plus petite, servait de chapiteau pour la lumière; toute la volée était en outre parsemée d'aigles et de couronnes.

Les dépenses de ces décorations se montèrent à :

La bataille. . . . .   50 thal.
Les armes du prince.   15
Le triomphe asiatique   40
Le chiffre royal.   15
La caravane   100
Les chameaux des anses   100
Les armes royales   60
Le chapiteau de lumière   8
La culasse et le chameau du bouton de culasse 100
Aigles et couronnes . . . . ˇ 105
                                            ─────
                    Ensemble. . . .   593 thal.

Ce magnifique canon n'exista malheureusement que 39 années, bien que Frédéric-Guillaume Ier, qui fit fondre tous les canons en bronze de calibre extraordinaire, ait épargné celui-ci à cause de sa remarquable beauté. Mais Frédéric le Grand, qui préférait pour ses opérations en Silésie une quarantaine de légers canons de 6 à un gros canon de 100 immobilisé à Berlin, fit envoyer l'*Asia* en 1743 à la fonderie.

LES COULEUVRINES D'EHRENBREITSTEIN, DE DOUVRES ET DE NANCY

Parmi les canons allemands du xvie siècle, il faut aussi mentionner la couleuvrine d'Ehrenbreitstein, nommée le *Griffon*, laquelle fut fondue à Trèves en 1529; elle pesait 130 quintaux métriques et avait un calibre de 30e pour une longueur de 16 calibres. La couleuvrine de Douvres, fondue en 1580, et la couleuvrine de Nancy, fondue en 1598 par Jean Chaligny, avaient, la première 7^m,53, et la seconde, 6^m,90 de longueur; leur calibre était de 18 livres.

La couleuvrine de Nancy tirait d'ailleurs fort mal et ne

donnait pas de plus grande portée que les autres calibres de 18 livres.

LA SERPENTINE DE MALAGA

La serpentine de 80 de Malaga, qui tirait à la charge maxima de 30 kil., et pesait 7750 kil., mérite, pour ses aventures particulières, une mention spéciale. Elle fut, raconte Diégo Uffano, dans son *Trattado della artigleria*, à cause de son orgueil, bannie à Carthagène, car *elle avait, par ses violentes détonations et ses secousses épouvantables, fait avorter plusieurs femmes grosses.*

Uffano parle encore de quelques autres canons, qui cependant ne méritent pas une attention particulière. Aucun d'eux ne peut rivaliser avec l'*Asia*, ni comme poids ni comme calibre.

LA DIABLESSE D'HERZOGENBUSCH

Les détails d'Uffano sont généralement d'un goût si romanesque qu'on ne doit les admettre qu'avec beaucoup de réserve. Il dit, par exemple, que le canon appelé la *Diablesse* pouvait lancer son boulet de Herzogenbusch à Bommel, quoique la distance entre les deux villes soit de 13 kilom.

A ce propos, on se rappellerait involontairement la vieille chanson d'artilleur :

> Le premier canon fut *Marguerite la paresseuse*,
> Avec lequel on balayait châteaux, hameaux et villes,
> Et qui du premier bond
> Portait d'Aix-la-Chapelle à Paris.

WENCESLAS LE POURRI

Le dernier exemple de l'emploi à la guerre d'un de ces canons géants du bon vieux temps est celui de *Wenceslas le Pourri* qu'on tirait au siége de Dresde en 1760. Il faisait feu trois fois par jour ; sa détonation faisait une si terrible peur aux habitants de Dresde, que l'on se crut obligé de les prévenir chaque fois à l'avance quand on voulait le tirer. C'est là un procédé humanitaire fort estimable, mais qui dans ces derniers temps, malgré la convention de Genève, paraît être tombé en désuétude.

TROISIÈME PÉRIODE

—

EMPLOI DES BOULETS CREUX EXPLOSIFS EN FER LANCÉS A L'AIDE DE MORTIERS

AUGMENTATION DES CALIBRES

La diminution du diamètre et du poids des canons qui était une suite naturelle et nécessaire de l'introduction des projectiles en fer au lieu de ceux en pierre employés précédemment, subit bientôt un certain temps d'arrêt par suite de l'emploi des projectiles creux chargés; ceux-ci, connus dès l'origine de l'artillerie, ne furent cependant d'un usage général qu'au xviie siècle. Ils amenèrent de nouveau une augmentation dans les calibres. En effet, si les mortiers, obusiers et canons courts, qui seuls étaient destinés à lancer des projectiles creux, pouvaient, avec un calibre considérable, n'avoir qu'un poids proportionnellement minime grâce à leur peu de longueur, ils avaient l'inconvénient de ne donner aux projectiles que peu de vitesse vu la faiblesse de la charge, inconvénient dont on chercha la compensation dans l'adoption du projectile aussi lourd que possible, et contenant une charge de rupture en rapport. Les efforts qu'on fit pour obtenir, avec des mortiers de calibre monstrueux, des effets extraordinaires, continuent à se manifester, dans des cas isolés, encore au XIXe siècle, et cela même immédiatement avant l'introduction générale des canons rayés, sans que cependant ces efforts aient été couronnés d'un succès bien notable.

EMPLOI DES MORTIERS PAR MAHOMET II

Le premier emploi sérieux et rationnel du tir plongeant fut fait par le sultan Mahomet II, en 1453, au siége de Constantinople, lorsque la flotte génoise eut trouvé derrière les murs de Galata une protection efficace contre le feu de ses canons. Cet essai fut couronné d'un si grand succès que le deuxième coup du mortier fit sombrer un bâtiment ennemi.

Mahomet employa aussi en 1480, lors de son attaque infructueuse sur Rhodes, outre 16 *basilics*, ou canons doubles, de 5^m,65 de longueur, plusieurs mortiers de 63^c à 94^c de calibre, qui, avec leurs boulets monstrueux en pierre ont, d'après Vertot, causé à la ville un dommage considérable.

EMPLOI DES MORTIERS EN FRANCE

En France, on apprit pour la première fois à connaître le tir des mortiers sous le règne de Louis XIII, en 1634, par l'ingénieur anglais Malthus, qui employa contre La Motte, entre autres, des bombes du poids de 237 kil., mais sans résultat bien marqué.

Louis XIV fit fondre un certain nombre de mortiers de 47^c et du poids de 25 quintaux métriques environ ; les bombes pesaient 237 kil. et contenaient une charge de rupture de 45 livres ; on les descendait dans le mortier au moyen d'un levier, et on les tirait avec une charge de 17 livres.

Au siége de Mons, 1691, le roi lui-même donna à ces mortiers le nom de *Comminges*, faisant ainsi allusion à leur ressemblance avec un officier d'une forte corpulence nommé M. de Comminges, d'où l'on peut conclure que soit M. de Comminges, soit le mortier, devait avoir des proportions extérieures extraordinaires.

Ces mortiers furent encore employés au siége de Trarbach (1733) et de Tournay (1745), mais depuis on ne s'en servit plus; le transport, la manœuvre et le service de ces colosses, présentaient d'innombrables difficultés et occasionnaient une trop grande perte de temps, de sorte que leurs effets n'étaient nullement en proportion avec les inconvénients qu'ils entraînaient.

OBUSIERS A LA VILLANTROYS

Malgré cela, le plus grand génie qu'aient produit la France et son époque, recommença plus de 100 ans après les mêmes expériences. En 1810, Napoléon 1er fit fondre, à Séville, deux mortiers longs, ou plutôt deux obusiers en bronze; il espérait pouvoir, par un bombardement rigoureux, amener la reddition de Cadix, laquelle jusqu'alors, grâce à sa position particulière sur une langue de terre étroite, n'avait pu être atteinte par d'autres canons et restait toujours imprenable.

Le plus grand des deux obusiers, dit à la Villantroys, était du calibre de 30°, le plus petit de 25°; le premier envoyait une bombe du poids de 85 kil. avec une charge de 15 kil. sous un angle de 45° à une distance de 5300ᵐ. Le poids de ces obusiers était pour le premier 123 et pour le second 90 quintaux de 50 kil.

On ne parvint pas cependant avec eux à bombarder Cadix, depuis on ne les employa plus; remisés à l'arsenal de La Fère, ils tombèrent, le 26 février 1814, entre les mains des Prussiens de Bulow et furent transportés, non sans grande difficulté, à Berlin. On peut encore aujourd'hui les voir devant le front ouest de l'arsenal de Lubeck, en compagnie d'un canon de 48, en bronze, fondu en 1669 par Albert Benning, où ils font l'ornement du bosquet des maronniers.

QUATRIÈME PÉRIODE

—

LES CANONS-OBUSIERS

OU LE SYSTÈME PAIXHANS

———

Le mérite de l'ingénieuse idée qui substitua le canon court au mortier pour le tir des obus de grande masse revient au général de l'artillerie de la marine française, Paixhans ; cette modification amena les conséquences les plus importantes.

Malgré les innombrables difficultés qui, comme à tous les grands réformateurs, lui furent naturellement opposées par une basse envie et une inepte imprévoyance, l'incontestable valeur et la nécessité où l'on était d'adopter son système, le firent sortir victorieux de toutes les luttes.

Le vaisseau amiral anglais armé de 2 canons-obusiers détruisit, le 20 octobre 1820, à la bataille navale de Navarin, en 2 coups de ces canons, le vaisseau où flottait le grand pavillon turc.

L'histoire de l'artillerie nous apprend cependant que ce ne fut que grâce aux résultats favorables des essais faits en France vers 1824, avec ces canons, que l'on dut leur adoption presque dans toutes les puissances. Néanmoins on ne fit fondre en grandes proportions que des canons d'un seul calibre, variable, dans chaque état, de 22° à 27°. On les employa non-seulement dans l'artillerie de la marine et des côtes, mais aussi comme canon de siége et de position.

COMBAT NAVAL DE SINOPE

Le général Paixhans eut dans sa vieillesse la satisfaction d'apprendre le triomphe de la flotte russe à Sinope. La prompte et brillante fin de cette affaire doit être attribuée, en grande partie, à l'armement des vaisseaux de lignes russes avec des canons-obusiers, car leurs feux destructeurs firent sauter, dans un laps de temps relativement court, un grand nombre de frégates turques, et démontèrent les batteries de côte qui cherchèrent inutilement à protéger la flotte ottomane à l'ancre dans la baie de Sinope.

Les Turcs ne possédaient pas de canons-obusiers, leurs plus forts calibres étaient quelques canons de 24.

LES CANONS-OBUSIERS EN CRIMÉE ET EN DANEMARK

Après l'adoption des canons rayés, le rôle des canons-obusiers, bien qu'ils eussent rendu de grands services pendant la guerre de Crimée, fut naturellement fini, leur dernier emploi, mais sur une plus grande échelle, eut lieu, en 1864, pendant la guerre Dano-Allemande. Le retranchement dit Danevirke, Frédéricia et surtout la position de Düppel, ainsi que les batteries d'Alsen, en étaient armés en grande partie; ces ouvrages tirèrent très-vivement, surtout les 2 derniers, sans cependant pouvoir emporter un avantage marqué sur nos canons rayés.

LES MORTIERS MONSTRES DE LIÉGE

Avant de passer à la deuxième partie de notre travail

ayant trait au développement progressif de l'artillerie moderne, nous aurons encore à parler de 2 canons monstres qui, par leur origine, appartiennent presque aux temps actuels, mais ont, malgré cela, une certaine affinité avec les paresseux colosses des périodes précédentes, affinité que l'on reconnaît surtout en tenant compte de la disproportion entre la grande masse employée et les effets produits.

En 1832, pendant la guerre de l'indépendance Belge, la France se préparait à faire le siége d'Anvers que les Hollandais occupaient encore, sous le commandement de l'énergique général Chassé. Le général Paixhans, alors colonel, conçut le projet de faire fondre un mortier monstre, devant amener, par ses terribles effets, la reddition immédiate de la citadelle. Plein de confiance en la réputation bien établie de Paixhans, le ministre de la guerre belge fit aussitôt couler, à la fonderie de Liège, un mortier de ce genre, que l'on mit en service dans les derniers jours du siége de la citadelle.

Ce mortier pesait 7750 kil. ; il avait extérieurement une forme parfaitement cylindrique de 1^m,66 de longueur et 99^c de diamètre ; son calibre était de 60^c ; la longueur du raccordement et de la volée étaient ensemble de 78^c ; celle de la chambre, 54^c, avec un diamètre de 28^c. Il était supporté par un affût en bois pesant aussi 7750 kil., et lançait, avec une charge maxima de 14 kil. des bombes du poids de 587 kil., y compris la charge de rupture qui était de 50 kil. de poudre ; son transport de Liège à Anvers exigea l'emploi de 36 chevaux.

Après avoir tiré, dans le polygone de Braschaët, 12 coups d'essai, après lesquels on réduisit la charge à 5 kil. 625, et la charge de rupture à 29 kil. 250, le mortier lança les 20 et 22 décembre 1832, en tout 10 bombes, sur la citadelle. Sur ces 10 bombes, il y en eut 9 qui arrivèrent au but, sans cependant endommager aucune des fortes casemates qu'on avait l'intention de détruire.

Les effets qu'on était en droit d'attendre d'un si puissant engin ne furent donc pas obtenus, car ces bombes ne répondaient, ni par leur force de pénétration, ni par leurs effets de rupture, aux espérances que l'on avait fondées sur elles. Après la reddition de la citadelle, qui eut lieu le 23 décembre, on recommença, dans la lande de Braschaët, les essais de tir avec ce mortier, mais on n'en obtint qu'un résultat purement négatif, car le mortier éclata après quelques coups. Cette fin piteuse du mortier monstre fut en revanche une véritable bonne fortune pour les finances passablement obérées du jeune royaume belge, car la dépense, pour chaque coup de ce monstre, se montait à la somme inouïe de 340 fr., dans lesquelles n'entrent pas les sommes dépensées pour la fabrication du canon et de l'affût, lesquelles se montent aussi à un total considérable.

Ce mauvais résultat n'empêcha pas le ministre de la guerre belge, d'écouter favorablement les propositions du directeur de la fonderie de Liège (ce directeur fut plus tard le général Frederix) et de faire fondre un deuxième mortier monstre du même calibre que le premier, et comme lui en fonte, mais avec cette différence que le dernier était entouré de cercles en fer forgé.

Ce mortier supporta très-bien, suivant le rapport du général Frederix, de très-fortes épreuves, et fut plus tard donné au musée d'artillerie de Bruxelles, ce qui fait supposer qu'on ne le jugeait pas plus apte à un service utile que son prédécesseur.

LES CANONS DU KHÉDIVE MEHEMED-ALI

Nous remarquons ensuite une construction incomparablement plus rationnelle que celle du mortier monstre, c'est celle des canons colossaux que fit fondre en Angleterre, au commencement de 1840, le khédive Mehemed-Ali, d'Egypte, lequel rêvait déjà d'émancipation. Il comptait peut-être sur l'occasion de pouvoir se servir un jour de ces canons contre son suzerain le Sultan.

Ces canons étaient d'abord un canon de 130, charge, 13 kil., ensuite un canon-obusier du calibre de 15 pouces, du poids de 17500 kil. (charge de 20 kil., poids du boulet plein, 200 kil.), et enfin un mortier de 20 pouces pesant 12500 kil., et qui lançait une bombe de 300 kil. avec une charge de 20 kil.

LE CANON DE LA FRÉGATE PRINCETON

Il faut classer dans cette catégorie le canon en fer du calibre de 12 pouces; il fut forgé en 1845 à Liverpool, et destiné à l'armement de la frégate Nord-américaine *Princeton;* il avait 13 pieds de longueur, pesait 12500 kil., et tirait des boulets pleins du poids de 96 kil. et des bombes de 68 kil.

LE CANON DE LA MERSEY-STEEL-AND-IRON-COMPANY

Un autre canon en fer forgé, de 16 pieds de longueur, 13 pouces de calibre et du poids de 22000 kil., fut forgé, en 1856, par les soins de la *Mersey - Steel - and - Iron-Company;* il devait lancer des boulets de 135 kil., avec une charge de 25 kil.; mais il fut mis hors de service dès les premiers coups par suite d'une fissure à l'intérieur.

LE MORTIER PALMERSTON

Parlons encore, pour terminer, d'un mortier monstre de l'espèce de ceux mentionnés ci-dessus. Ce colosse, le dernier dans la longue série des bouches à feu gigantesques employées avant l'invention des canons rayés et des vaisseaux cuirassés, est le mortier *Palmerston*, encore plus magnifique que son pendant, le mortier monstre belge. Il n'eut pas un meilleur sort que celui-ci (*).

Ledit mortier fut établi, d'après les dessins de l'ingénieur anglais Mallet, à Mare, dans les ateliers de construction maritimes, avec des barres en fer forgé, réunies au moyen de frettes et de boulons; son poids était, sans affût, de 91500 kil.; sa bombe avait 35 pouces de diamètre; elle contenait à peu près 212 kil. de poudre, et pesait, chargée, 1562 kil.; elle fut tirée avec les charges de 23, 27, 32 et 36 kil. de poudre et atteignait une distance maxima de tir de 4600 pas.

On dépensa, pour le mortier, 18750 fr. Relativement au nombre de coups tirés on peut le comparer avec la *Messe pourrie* de Brunswick, car le nombre total de ses coups se monte à ni plus, ni moins que quatre; le quatrième et dernier coup (avec une charge de 36 kil.) fit sauter un des boulons parallèles à l'axe qui était destiné à relier les deux cercles extrêmes.

Le mortier *Palmerston* avait, comme on voit, peu répondu aux belles espérances que son constructeur avait fondées sur lui, aussi la malice populaire lui donna-t-elle le

(*) L'auteur est redevable des données sur le mortier Palmerston, à la complaisance de M. le lieutenant-colonel Wesener, lequel eut l'occasion, pendant son séjour en Angleterre, en 1858, d'assister aux essais de ce mortier.

nom moqueur de *Folie-Palmerston*. Depuis on l'a mis au repos, et il est exposé actuellement à l'arsenal de Woolwich, comme admirable pièce de parade pour les laïques, mais comme avertissement ou de Mane Thecel pour les artilleurs. C'est là que nous eûmes l'occasion de le voir pendant l'exposition industrielle de 1862.

CRITIQUE DES CANONS GÉANTS

Dans tous les cas, il ferme dignement le cycle des vieux canons géants que nous avons passés en revue dans les pages qui précèdent. Ces canons, considérés au point de vue de l'artillerie, n'étaient guère remarquables, à quelques exceptions près, que par leur énorme grandeur ; le grand contraste entre leurs effets et les moyens puissants mis en œuvre pour les établir, n'était pas fait pour servir de recommandation à ceux qui les avaient construits.

—

LES CANONS RAYÉS ET LES CUIRASSES

ÉTAT ACTUEL DE L'ARTILLERIE CUIRASSÉE CHEZ LES DIFFÉRENTES PUISSANCES. — INTRODUCTION DES CUIRASSES DES NAVIRES ET CONSÉQUENCES POUR L'ARTILLERIE.

Un progrès incontestable s'opérait dans l'artillerie. Dès le xviie siècle on s'éloigna de plus en plus de toute exagération non motivée, et on donna la préférence aux canons plus mobiles et à tir plus rapide.

Dans les temps plus modernes, vers 1854, une idée se fit jour dans le domaine des constructions maritimes, qui força l'artillerie à augmenter le plus possible ses moyens de combat, sous peine de se voir battue, soit dans les siéges, soit dans les combats, sur les côtes ou sur mer, par un nouvel adversaire soudainement grandi et qui menaçait de lui arracher la place d'honneur qu'elle avait occupée pendant plusieurs siècles.

Nous voulons parler du blindage en fer, qui a été mis en œuvre depuis quelques années seulement.

Les premiers bâtiments cuirassés furent lancés, il y a 16 ans, dans des chantiers de la marine française ; c'étaient quelques batteries flottantes, construites pendant la guerre de Crimée, d'après les idées, dit-on, de l'empereur Napoléon et presque sous ses yeux ; elles furent employées avec succès au bombardement de Kinburn.

Depuis cette époque, l'établissement des bâtiments cuirassés fut poursuivi avec une activité toujours croissante ; d'abord par l'Angleterre et la France, bientôt ensuite par les autres puissances maritimes, mais surtout par les États de l'Amérique du Nord pendant leur guerre civile. Des combats aussi nombreux que grandioses eurent lieu pendant cette guerre, entre des bâtiments cuirassés d'une part, et entre des vaisseaux en bois et des batteries de côte, d'autre part. Leur série commença le 8 mars 1862 sur la rade d'Hampton, par le fameux combat entre le monitor l'*Ericson*, vaisseau à tourelle appartenant aux États de l'Amérique du Nord, et le navire cuirassé le *Merrimac*, appartenant aux États du Sud.

On observa des effets analogues pendant la campagne du Danemark, en 1864, dans les différents combats entre la batterie cuirassée flottante *Rolf-Krake* et les batteries de côte prussiennes ; de même dans la guerre de 1866, pendant le bombardement et la bataille navale de Lissa. Mais ce fut surtout en Angleterre que l'on fit avec le plus d'énergie les expériences les plus étendues sur les cuirasses des bâtiments.

Dans ces circonstances et eu égard à l'augmentation continuelle de l'épaisseur des cuirasses (*), qui semblait vouloir défier les plus puissants moyens de pénétration, il fallait rendre ces prétentions illusoires ; l'augmentation des effets

---

(*) Nous citons comme exemple le vaisseau cuirassé anglais l'*Hercules*, construit il y a quelques années ; le profil de la muraille, au-dessus de la ligne de flottaison, n'a pas moins de $0^m 28^c$ de fer et 1^m de bois.

de l'artillerie poussée à sa dernière limite était donc devenue une condition indispensable.

Ce problème est actuellement résolu avec plus ou moins de succès par toutes les grandes puissances.

Nous allons, dans les pages suivantes, donner quelques détails sur les bouches à feu qui paraissent remplir le mieux les conditions, en procédant par ordre alphabétique.

1° AMÉRIQUE

Les efforts de l'artillerie des États-Unis de l'Amérique du Nord, tendant à obtenir un système de canon, ayant avec une résistance suffisante, une grande force de pénétration, n'ont pas jusqu'à présent véritablement réussi. Les causes de cet insuccès tiennent en partie au choix peu judicieux des métaux, et à un procédé de fabrication assez infidèle ; en partie aussi au désaccord régnant même aujourd'hui dans le corps des officiers de l'artillerie et de la marine Nord-Américaines, relativement à la supériorité des effets du système rayé sur le système lisse. On distingue quatre méthodes de fabrication de canons de gros calibre, et on les désigne par les noms de leurs inventeurs, qui sont :

Rodman, Dahlgren, Parrot et Ames.

SYSTÈME RODMAN

Le major Rodman fut témoin en 1845 de l'éclatement, à bord de la frégate *Princeton*, d'un canon du calibre de 12 pouces ; il acquit la conviction que la méthode habituelle de fabrication des canons en fer était malentendue ; il imagina alors une méthode de fabrication basée sur ce principe que, pour augmenter la résistance du canon, il fallait donner aux différentes couches concentriques de fonte des tensions différentes, suivant la part différente qu'elles étaient appelées à prendre, d'après leur position, à la résistance totale de la pièce.

Pour atteindre ce but, Rodman proposa d'exécuter le coulage autour d'un noyau creux, constamment injecté intérieurement avec de l'eau froide ; de manière à provoquer l'expulsion de la chaleur du métal incandescent à partir de l'intérieur vers l'extérieur, contrairement à ce qui se passe dans le coulage sans noyau central. On devait obtenir en outre par l'effet de ce refroidissement rapide, une dureté plus grande pour les parois de l'âme.

Les avantages de ce procédé étaient si évidents qu'on l'employa bientôt d'une manière exclusive pour la fonte des canons de gros calibre.

Voici un exemple du tir du canon Rodman (calibre de 10 pouces anglais de $0^m 025399$) :

750 coups avec la charge de 15 livres, et un projectile de 100 livres.					
250	—	15	—	126 —	Livres
100	—	20	—	126 —	anglaises
100	—	25	—	126 —	de 0^k 45359.
200	—	30	—	126 —	

Ces 1400 coups ne produisent pas la moindre dégradation à l'intérieur de l'âme ; mais il faut dire que si certains canons Rodman ont montré une solidité et une durée exceptionnelles, même soumis à de très-fortes épreuves, ce ne furent jamais que des cas isolés, et il peut d'autant moins être question de l'admission générale et sans condition, de la fonte traitée d'après le procédé Rodman, que la confiance qu'on peut avoir dans ce procédé doit diminuer, comme nous allons le voir, à mesure que le calibre augmente et que la charge devient plus forte.

SYSTÈME DAHLGREN

La fabrication des canons en fonte de fer, du système
Dahlgren diffère de celle de Rodman en ce que la bouche à
feu est coulée non à noyau, mais pleine, et sous la forme
d'un cylindre afin d'obtenir un refroidissement uniforme de
la masse métallique : puis le canon est foré et façonné extérieurement au tour par des procédés extrêmement ingé-
nieux qui en diminuent les diamètres de l'arrière à l'avant,
en sorte qu'il ressemble assez, quand il est terminé, pour
l'extérieur, aux canons Krupp et Armstrong.

SYSTÈME PARROT

Les canons Parrot en fonte de fer, ainsi appelés du nom
de leur inventeur (qui est directeur de la fonderie de West-
point), sont fondus absolument d'après le principe Rodman ;
ils sont renforcés à la culasse par un cercle en fer forgé,
que l'on place à chaud pendant qu'un courant continuel
d'eau fraîche refroidit le canon de l'intérieur à l'extérieur.

Dans ce système, les canons se chargent par la bouche et
sont munis de rayures paraboliques ; les projectiles sont à
culot expansif ; à la partie postérieure du projectile est fixé
un anneau en cuivre dont l'épaisseur fait saillie et pénètre
dans les rayures.

Ce système a donné d'assez mauvais résultats au siége de
Charleston.

SYSTÈME AMES

Le peu de résistance dont firent preuve en diverses
occasions, les gros calibres de Parrot donnèrent l'idée
à M. Horatio Ames, industriel à Falls-Village, dans le Con-
necticut, de construire des canons, d'après un procédé

particulier. Dans ce système on façonnait avec trois cercles concentriques, une sorte de plateau cylindrique et on soudait ensemble par leurs faces planes, un nombre suffisant de ces plateaux, de manière à donner au canon une longueur suffisante.

Il paraît que ce procédé ne donne de bons résultats qu'à la condition que les soudures soient bien faites ; aussi nonseulement on polit au tour toutes les parties devant être soudées ensemble, mais on donne encore au cercle concentrique du milieu une plus grande largeur qu'aux deux autres, afin d'avoir vers les couches les plus rapprochées de l'âme une soudure plus exacte et une application plus hermétique. Pour arriver à ce résultat, on fait, en même temps que l'on façonne la pièce, agir des marteaux qui fonctionnent horizontalement et verticalement : les tourillons sont vissés après coup dans le corps de la bouche à feu (*).

Ames construisit d'après son système et mit en expérience des canons de 50 livres, de 100 livres, de 7 pouces et de 8 pouces de calibre ; tous ont, eu égard à leur calibre, un poids extraordinaire. Nous donnons comme exemple, le canon de 7 pouces qui pèse 194 quintaux, donc autant que le canon prussien de 8 pouces d'une longueur de 15 pieds.

La méthode de fabrication d'Ames n'est pas sans défaut, car, si quelques-uns de ses canons résistèrent à des essais poussés à outrance, d'autres éclatèrent dès les premiers coups.

(*) Il est difficile de comprendre ce mode de fabrication d'après la description précédente qui est la traduction littérale du texte allemand.

On trouve dans l'ouvrage intitulé *Ordnance and Armor* de HOLLEY, quelques détails sur le procédé Ames.

(Note du traducteur.)

Parmi les systèmes que nous venons de mentionner, citons ceux des canons que les Américains ont mis en service, ou (ce qui revient à peu près au même dans ce pays) ceux qu'ils ont soumis aux épreuves les plus étendues.

CANONS LISSES DE RODMAN

Dans le système Rodman, voici la nomenclature des canons lisses adoptés.

CALIBRE POUCES ANGLAIS de 2^c,54.	CHARGE EN LIVRES ANGLAISES 0^k 45359.	POIDS DU PROJECTILE en livres anglaises.
8	10	64
10	15	126
15	35, 50, 60 et 83 $\frac{1}{4}$	330, 400 et 452
20	»	1000

Le canon du calibre de 15 pouces a une longueur totale de 190 pouces anglais ; sa longueur d'âme est de 165 pouces, il pèse 430 quintaux de 50^k,8. Les trois différents poids de projectiles mentionnés pour ce canon dans la table précédente, se rapportent, le premier à l'obus ordinaire (avec 13 livres anglaises, de charge de rupture), le second au boulet avec noyau creux (*coredshot*) et le troisième au boulet plein. Quant aux quatre charges désignées dans le même tableau, on ne se sert généralement qu'aux grandes distances de celle de 35 et de 50 livres, celle de 60 livres n'est employée que contre les cuirasses et pour 20 coups au plus, et enfin celle de 83 $\frac{1}{4}$ livres n'a été employée que dans le tir des expériences comparatives (contre les cuirasses) qui eut lieu en Angleterre dans le mois de juin 1868.

Nous avons cru devoir parler plus longuement du canon de 15 pouces, parce qu'il est devenu rapidement le favori des Américains, surtout dans la marine, pendant la guerre de sécession.

Il dut sa réputation aux résultats décisifs de son tir dans les combats de mer entre le *Weehawken* et l'*Atlanta* d'une part, et entre le *Manhattan* et le *Tennessee* d'autre part.

Dans le premier de ces combats, le moniter le *Weehawken*, des États du Nord, envoya un projectile du calibre de 15 pouces et du poids de 400 livres, avec une charge de 35 livres, dans l'entrepont de la batterie de l'*Atlanta*, où il produisit une voie d'eau de 6 pieds de longueur et occasionna, par les éclats de bois et de fer qui furent lancés à l'intérieur, la mort de 48 hommes. L'impression de ce seul coup fut d'autant plus terrible sur les hommes de l'équipage de l'*Atlanta*, qu'ils se croyaient parfaitement en sûreté derrière la cuirasse de leur navire et que les deux projectiles suivants du *Weehawken*, atteignirent le gouvernail et mirent ainsi l'*Atlanta* dans l'impossibilité de manœuvrer. Le capitaine de l'*Atlanta* n'eut plus qu'à amener son pavillon.

Dans le deuxième combat, qui eut lieu dans la baie de Mobile, le bélier cuirassé *Tennessee,* des États du Sud, fut atteint par plus de 100 projectiles de 9 et de 11 pouces, sans que sa muraille, qui était d'une épaisseur de 6 pouces de fer et de 19 de bois, éprouvât d'avarie notable, lorsque le moniter *Manhattan,* lui tira enfin deux boulets de 15 pouces, qui traversèrent la cuirasse et lancèrent de si nombreux éclats de bois dans la batterie, qu'une grande partie de l'équipage fut blessée, ce qui amena la perte du bâtiment.

Ces faits ne pouvaient servir qu'à ancrer davantage les défenseurs de la théorie de l'ébranlement (racking), dans leurs singuliers préjugés.

L'application pratique de cette théorie dans l'artillerie de mer est, comme nous l'avons déjà dit plus haut, la seconde cause de l'insuccès des Américains dans la création d'un bon système de canons de gros calibre ; c'est alors qu'on se crut plus que jamais en droit d'affirmer qu'un bâtiment cuirassé souffrait davantage ou au moins autant, par des ébranlements répétés de tous ses joints, boulons, rivets et autres pièces de jonction, que si ses murailles étaient plusieurs fois traversées par des projectiles oblongs ; que dès lors les projectiles des canons lisses, eu égard à leur forme sphérique, à leur grand poids et leur plus petite vitesse, agissant plus par l'ébranlement que par la pénétration, devaient être préférés aux projectiles des canons rayés, lesquels par leur forme oblongue, leur poids moindre naturellement (sans avoir égard à l'égalité des calibres) et leur plus grande vitesse d'arrivée, seraient destinés de préférence à traverser les cuirasses.

On ajoutait que la différence au point de vue de la précision du tir, entre les deux systèmes, ne devait presque pas être prise en considération, aux moyennes et grandes distances ; car les combats entre bâtiments cuirassés n'avaient généralement lieu qu'à de très-petites distances, et que, d'ailleurs, les oscillations du navire rendaient ordinairement toute justesse illusoire.

La manière dont les Américains firent dans la pratique l'application de cette théorie, aussi originale qu'élastique, ressort clairement du rapport officiel fait par le capitaine Benton. En voici un passage :

« Je crois, dit-il, que le canon de 1ᵇ5 pouces est le plus

efficace de tous ceux qui sont actuellement employés à la défense des côtes. Il exerce sur les murailles des vaisseaux un effet d'ébranlement extraordinaire, et il est, par conséquent, plus propre que les canons rayés à combattre des bâtiments cuirassés, aux petites distances. Si un seul coup ne donne pas l'effet qu'on se propose, 2 ou 3 coups y suffisent toujours sûrement. Un coup isolé ne traversera peut-être pas la cuirasse, mais il causera un si puissant ébranlement que le deuxième coup, s'il touche près du premier, la traversera sans aucun doute. »

Cette théorie pourrait avoir sa raison d'être si, contrairement à ce qui existe, les hypothèses sur lesquelles elle repose avaient quelque rapport avec la réalité; si surtout les combats des bâtiments cuirassés, entre eux, ou contre des batteries de côte, consistaient en une manière de jeux de patience dans lesquels on se placerait immobile, à portée de pistolet, en face de son adversaire ; alors l'avantage resterait à la partie qui serait décidée à frapper le plus longtemps sur l'autre. Mais, en réalité, ce sont aussi bien les rapides mouvements des bâtiments que leur puissante artillerie qui amènent d'une manière décisive la fin du combat, et qui donnent la victoire à celui qui, dans un temps minimum donné, a pu atteindre son adversaire du plus grand nombre de projectiles possible.

Cette dernière manière de voir était même en 1864 si peu appréciée dans l'artillerie américaine, que Rodman fut amené, pour couronner son œuvre, à ajouter un quatrième calibre plus grand aux trois qui existaient déjà.

Ce quatrième calibre était de 20 pouces ou 1000 livres. On fabriqua 2 de ces canons; le plus grand, du poids de 1180 quintaux, était destiné à l'artillerie de côte, et le plus petit, 1015 quintaux, à l'artillerie de mer.

Le premier de ces canons avait une longueur de 19 pieds 8 pouces, le calibre était de 19,4 pouces, le diamètre à la culasse de 58,2 pouces, et à la bouche de 337 pouces; son projectile (boulet plein en fer), pesait 1000 livres, l'affût avait une longueur de 21 pieds $\frac{1}{3}$, une hauteur de 100 pouces $\frac{1}{2}$, et. pesait 360 quintaux (pied anglais, $0^m,3047$, quintal id., 50 k. 8).

Ce canon fut essayé pour la première fois le 26 octobre 1864, au fort Hamilton, près New-York, par le tir d'un premier coup à blanc, avec une charge de 100 livres (poids anglais); puis de 2 coups avec projectiles aux charges de 45 et 90 livres (*), les projectiles étaient mis dans le canon au moyen de leviers.

La résistance de ce canon, pendant les essais, ne laissait rien à désirer, mais ses effets ont dû plus tard être médiocrement satisfaisants, car on s'est abstenu d'en fabriquer un plus grand nombre de ce genre.

Il est probable que Rodman n'aurait pas créé cette bouche à feu s'il avait pu prévoir l'insuccès de son célèbre canon de 15 pouces, pendant les essais de tir comparatif contre des cuirasses, exécutés par l'artillerie anglaise en juin 1868, à Shoeburyness. Le canon de 15 pouces tirait un boulet plein en fonte de fer du poids de 452 livres anglaises, à la charge évidemment exagérée de 83 livres $\frac{1}{4}$ de poudre ordinaire anglaise [laquelle est, comme on sait, très-offensive] (**), soit une proportion de 1 : 5,4. La vitesse initiale obtenue ne dépassait pas 412^m (1350 pieds anglais); l'effet obtenu à la très-petite distance de 240 pas, fut moindre que celui qui cor-

(*) La charge a plus tard été augmentée et portée à 180 livres.

(**) 75 livres $\frac{1}{2}$ de poudre à canon anglaise forment l'équivalent de 100 livr. de poudre Mammuth américaine, dont les grains ont à peu près la grosseur d'une châtaigne.

respondait au plus petit calibre des canons rayés du système Woolwich, se chargeant par la bouche. Les différents calibres qui concouraient à ce tir étaient ceux de 7, 9, 10 et 12 pouces anglais.

CANONS RAYÉS DE RODMAN

On a fabriqué en Amérique, d'après les idées de Rodman, indépendamment des Columbiades lisses, des canons de 8 et 12 pouces rayés se chargeant par la bouche.

En 1864, on fondit 3 canons d'essai de 12 pouces, lesquels étaient pourvus de trois rayures, probablement suivant le système français ; leur poids était de 470 quintaux, le projectile pesait 51 livres ; un de ces canons tira 400 coups avec les charges de 43 livres $\frac{3}{4}$ et 50 livres, soit un rapport de la charge au poids du projectile exceptionnellement faible d'à peu près $\frac{1}{13}$ et $\frac{1}{11}$. Nous n'avons aucune donnée relativement aux résultats du tir.

CANONS LISSES ET CANONS RAYÉS DE DAHLGREN

Le système Dahlgren comprend aussi des canons lisses et des canons rayés ; les premiers sont des calibres de 9, 10 et 11 pouces ; les derniers de 100 et 200 livres. Les canons lisses de Dahlgren furent employés fréquemment dans la marine, mais ils étaient, quant à leurs effets contre les cuirasses, de beaucoup inférieurs au canon de 15 pouces de Rodman.

Leur faiblesse relative les fit remarquer, dans le combat déjà mentionné, entre le *Tennessee* et le *Manhattan* dans la baie de Mobile ; après que plus de 100 projectiles des canons de 9 et 11 pouces eussent atteint le *Tennessee* sans lui faire un mal appréciable, il suffit de 2 boulets du calibre de 15 pouces pour le couler à fond.

CANONS RAYÉS DE PARROT

Les canons rayés se chargeant par la bouche, du système Parrot, étaient de 6 calibres différents, comme on le voit dans le tableau qui suit :

DÉSIGNATIONS.	CALIBRES. POUCES ANGLAIS de 2ᶜ,54.	POIDS DU CANON. QUINTAUX 50ᵏ,8.	POIDS DU PROJECTILE. Liv. anglaise. de 0ᵏ,453.	POIDS DE LA CHARGE. Livres id.
10	2 81	8	9	0 97
20	3 56	16	17 2	1 94
30	4 07	marine 32	26 3	2 95
100	6 02	88	72 6	9 00
200	7 76	150	136	14 05
300	9 71	236	227	22 07

Le système Parrot s'imposait tout d'abord aux Américains par sa justesse de tir et sa grande portée, parce qu'alors leur système d'artillerie se résumait encore presque totalement dans des canons lisses, et que d'ailleurs ils ne pouvaient disposer pour le moment d'un meilleur système rayé, au moins dans une proportion en rapport avec les grands besoins de leur guerre civile. Si l'on juge les canons Parrot avec impartialité, on peut dire qu'ils n'offrent rien de bien merveilleux ; leur portée n'est que la portée ordinaire des canons rayés ; leur justesse absolue est moindre que dans n'importe quel système de canons se chargeant par la bouche, parce que leur forcement par expansion est beaucoup trop faible pour tous les canons en général, mais surtout pour les gros calibres, et qu'en outre la position de l'anneau expansif (on sait que cet anneau se trouve près du culot), par rapport au centre de gravité du projectile, est aussi mal choisie que possible. De plus, les fusées percutantes imaginées par Parrot, fonctionnèrent fort mal, car les projectiles qui en étaient armés éclataient en grande partie, soit dans l'âme, soit immédiatement en sortant de la bouche; les canons eux-mêmes donnaient à chaque instant des preuves de leur peu de résistance, malgré des charges relativement très-faibles.

Rien qu'au siége de Charleston, on constata dans les batteries d'attaque, l'éclatement de 50 canons de 100, 200 et 300 livres, bien qu'il n'y eût au maximum que 22 de ces canons qui tirassent en même temps.

Au bombardement du fort Fisher, par la flotte, tous les canons Parrot qui se trouvaient à bord des bâtiments, éclatèrent, et les débris de 5 de ces pièces tuèrent ou blessèrent 45 hommes, tandis que les projectiles ennemis n'en tuèrent ou blessèrent que 11 pendant toute la durée du combat. La terrible impression que de semblables accidents devaient faire sur les survivants se comprend aisément; aussi en vue du fort Fisher, les officiers avaient-ils beaucoup de peine à faire approcher les hommes des canons.

Le président du *Committee on the conduct of the war* (commission d'enquête sur les faits de la guerre), dit, dans son rapport adressé au congrès :

« L'éclatement des lourds canons Parrot, qui tirèrent contre Charleston et contre le fort Fisher, a détruit toute confiance dans leur solidité, ce qui nous a mis dans la nécessité d'adopter un système de canon présentant plus de sécurité ».

Cette phrase fait allusion au procédé de M. Horatio Ames, lequel s'était engagé à construire des canons à l'abri de toute chance d'éclatement subit; mais lui non plus ne paraît pas avoir trouvé la panacée contre ces redoutables éclatements.

Les deux tableaux suivants contiennent des données sommaires : le premier, sur les prix des différentes sortes de canons, d'après le rapport du général Gillmore ; le second, sur le nombre des canons qui ont éclaté en Amérique pendant la guerre civile.

APERÇU DES PRIX DES DIFFÉRENTES SORTES DE CANONS

DÉSIGNATION DES CANONS en pouces anglais.	MATIÈRES EMPLOYÉES.	CALIBRES. POUCES ANGLAIS.		POIDS. LIVRES ANGLAISES.	PRIX EN DOLLARS PAR QUINTAL de 50k8.		PRIX TOTAL. EN DOLLARS.
Armstrong 10 ½ pouces...	Fer forgé.	10	5	26680	33	6	9000
— 110 livres..	—	7		9184	23	9	2195
Canon Horsfall.....	—	13		53846	23	2	12500
— Alfred	—	10		24094	20	7	5000
Krupp 15 pouces...	Acier fondu	15		33600	87	5	29400
— 9 — .	—	9		18000	56	2	10125
Bessemer	—	7	8	11200	13		1466
Blakely 12 pouces..	—	12		40000	87	5	35000
— 11 — ..	—	11		35000	78	5	27500
— 10 — ..	—	10		30000	58	3	17500
— 120 livres...	—	7		9600	62	5	6000
Whitworth 120 livres	—	7		13410	37	2	5000
Parrot 100 livres ...	Fonte de fer	6	4	9700	12	4	1200
— 200 — ...	—	8		16300	14	1	2300
— 300 — ...	—	10		26500	17		4500
Rodman 15 pouces.	—	15		49100	13	2	6500
— 10 — .	—	10		15059	9	75	1468
— 8 — .	—	8		8465	9	75	825

D'après ce tableau, ce sont les Colombiades de Rodman qui sont les moins chères, et les canons Krupp qui coûtent le plus : une livre de ces derniers coûte neuf fois autant qu'une livre des canons en fer forgé de Ames, mais elle ne coûte que 6 fois autant qu'une livre des canons en fonte de fer de Rodman.

NOMBRE DE CANONS DES DIFFÉRENTS SYSTÈMES QUI ONT ÉCLATÉ

DÉSIGNATION DES SYSTÈMES DE CANONS.	NOMBRE DES CANONS qui ont éclaté
Système Parrot, rayé de 30 livres. . .	3
— — 100 . . .	60
— — 200 . . .	22
— — 300 . . .	1
Système Rodman, rayé de 8 pouces. . .	2
— — 12 . . .	4
— lisse 10 . . .	1
— — 15 . . .	17
Système Dahlgren, rayé de 30 livres. . .	3
— — 50 . . .	1
— — 80 . . .	2
— — 150 . . .	3
— lisse 50 . . .	13
— — 80 . . .	2
— — 150 . . .	6
— — 11 pouces. . .	1
— — 13 . . .	1
— — 7 . . .	2
— — 8 . . .	1
Différents canons	17
Mis hors de service par suite de fissures et de fentes avant d'avoir tiré	98

En tout 259 bouches à feu. A ces 259 il faut encore ajouter 18 canons Parrot de 150 livres, qu'on suppose avoir éclaté. Il ne faut pas non plus oublier de mentionner cette autre particularité, que 3 canons de 10 pouces, et 4 de 15 pouces ont, sans cause explicable, éclaté dans le moule pendant le refroidissement.

CRITIQUE DES SYSTÈMES D'ARTILLERIE AMÉRICAINS

L'ensemble de ces faits ne peut donner à notre point de vue qu'une idée aussi défavorable que possible sur les différents systèmes d'artillerie de l'Amérique du Nord.

On commence même aux États-Unis par être de cet avis, quelque désagréable qu'il soit; c'est du moins ce que l'on peut conclure d'un rapport envoyé dernièrement au congrès par une commission spéciale, laquelle se prononce formellement dans le sens de cette opinion.

Voici un passage de ce compte rendu fort remarquable par la hardiesse de son style et la manière carrée avec laquelle il s'explique; il peut servir à donner une idée très-caractéristique du ton général des rapports militaires chez les Américains (*) :

« La commission exprime d'abord son étonnement de ce que les officiers d'artillerie américains, malgré une série d'essais continués pendant plusieurs années, et malgré l'expérience acquise pendant la guerre, ne soient pas encore d'accord sur les principes de leur art, et sur ce qu'ils n'ont pas encore trouvé de résultat positif relativement à la solution du problème dont ils se sont occupés si longtemps; elle trouve cet état de choses fort surprenant de la part d'hommes qui, depuis leur jeunesse, se sont occupés de leur métier.»

(*) *Militær Wochenblatt* hebdomadaire, nº 85 de 1869, page 681.

Après avoir exposé le nombre d'accidents survenus lors du siége de Charleston et à l'attaque du fort Fisher, à un certain nombre de canons du sytème Parrot, et avoir ajouté le chiffre déjà porté ci-dessus, le rapport s'étend sur les nombreuses différences, souvent si peu motivées, qui existent entre l'artillerie de terre et l'artillerie de mer. Nous donnons comme exemple l'obusier de 12 de la marine qui a 3, 4 pouces de calibre, tandis que le calibre de l'obusier de 12 dans l'artillerie de terre est mesuré en pouces par 3,32, 3,67 et 3,8. La chambre a, dans l'artillerie de marine, une forme parabolique, et dans l'artillerie de terre une forme cylindrique. Il en est de même des procédés de pointage, lesquels diffèrent tant que les canonniers d'un service ne peuvent être employés à l'autre sans avoir reçu une instruction spéciale.

« La marine fait usage des canons de 8, 9, 11 et 13 pouces; l'artillerie de terre se sert des calibres de 6, 8, 10 et 12 pouces. Les 20 calibres employés dans les deux services, inférieurs aux calibres de 32 livres, ont si peu de ressemblance qu'il est impossible d'utiliser les munitions de l'artillerie de marine pour l'artillerie de terre et réciproquement.

« Tout cela provient de ce que l'on n'admettait dans chaque service que les inventions des officiers qui y étaient spécialement employés; d'autre part, la rivalité des deux services empêchait l'exécution impartiale d'expériences comparatives aussi bien que l'utilisation des connaissances acquises dans les deux espèces d'artillerie.

« Quant à la question du système qu'il fallait choisir, l'expérience de toutes les nations nous a fait voir que la seule artillerie reconnue efficace est l'artillerie rayée.

« L'emploi de boulets sphériques en fer, lancés avec des

canons lisses et à une faible vitesse, annonce une méconnaissance des progrès de l'artillerie et le retour aux armes en usage il y a deux siècles. »

Après cette verte philippique dont on ne peut qu'approuver la teneur, la commission recommande les mesures suivantes : Retarder la construction des canons de gros calibre, jusqu'à ce qu'on ait trouvé un système meilleur; renoncer au procédé Rodman comme ne méritant désormais plus de confiance, rejeter le système Dahlgren comme ne donnant pas la résistance nécessaire aux canons rayés de gros calibre ; entreprendre des expériences, non-seulement pour connaître les causes d'éclatement des canons de gros calibre, mais aussi pour trouver les bases d'une méthode de fabrication garantissant une résistance uniforme des canons; enfin, protéger et contrôler impartialement toutes les inventions concernant la solution de ce problème d'artillerie.

PROJECTILE SHOK

Avant de clore le débat au sujet de l'artillerie Nord-Américaine, nous aurons encore à mentionner une construction particulière de projectiles avec laquelle on cherchait, dans ces derniers temps, à faire une inutile concurrence aux canons rayés. C'est le projectile Shok, invention de l'ingénieur Shok, de la marine des États-Unis. Ce projectile oblong est pourvu de plusieurs canaux de forme hélicoïdale, destinés à favoriser l'action de l'air pendant le mouvement du projectile et à déterminer le mouvement de rotation qu'impriment les rayures dans les canons rayés.

On voit que c'est exactement le système de nos anciens projectiles-turbines, mais inutile de dire que le procédé n'a pas réussi.

Ce n'est qu'en provoquant la rotation du projectile par

l'action des gaz de la poudre, et non par celle de courant atmosphérique, que l'on est parvenu à réaliser un système utilisable, et c'est grâce à ce moyen qu'on a réussi à imaginer un genre de projectiles à peu près pratique même avant l'invention des canons rayés.

Une chose extraordinairement singulière, il faut l'avouer, c'est qu'actuellement tous les peuples, même la Chine et le Japon, possèdent des canons rayés, et que ce système qui, il y a déjà une dizaine d'années, était considéré, en Prusse, comme le seul admissible, ne soit pas encore reconnu bon en Amérique et expérimenté d'une manière véritablement sérieuse.

Il paraît que sur le Potomac, près du fort de Washington, on a fait, à bord de la *Fortuna*, des expériences de tir avec un canon lisse sur un projectile Shok de 32ᵉ de calibre ; ces expériences ont donné, dit-on, des résultats favorables, demandant toutefois, pour être décisives, à être contrôlées par des essais ultérieurs.

Laissons maintenant l'artillerie américaine au travail d'Hercule qui l'attend dans la transformation inévitable de tout son matériel, et voyons où en est la mère patrie des États du Nord.

2º ANGLETERRE

C'est dans ce pays que l'idée du canon rayé eut sa première réalisation, c'était en 1853.

SYSTÈME LANCASTER

À cette époque, M. Lancaster construisit une bouche à feu de section ovale et à rayures paraboliques dont le pas allait en diminuant de la culasse à la bouche. Ce système, tout d'abord prisé outre mesure, fit un fiasco complet devant Sébastopol et Bomarsund; la justesse du tir ne répondait pas du tout à l'opinion qu'on en avait conçue; en outre, plusieurs de ces canons éclatèrent problablement à cause, d'une part, de la forme défectueuse du projectile, et, d'autre part, du tracé parabolique des rayures qui amenait souvent le coincement des projectiles dans l'âme.

A la suite de ces faits, le gouvernement anglais renonça au système Lancaster, ce qui n'empêcha pas l'inventeur de présenter, à l'exposition d'industrie de Londres, en 1862, un canon en fer forgé de 11 pieds de longueur, du poids de 95 quintaux et d'un calibre de 7, 9 pouces pour le grand axe, et de 7, 5 pouces pour le petit axe de l'ellipse formant la section de l'âme.

Ce canon devait lancer des obus du poids de 85 livres avec une charge de 12 livres. Lancaster avait en outre exposé un canon du calibre de 18 livres ; les deux axes de l'ellipse avaient 45 et 41 pouces ; il y avait aussi quelques fusils à section ovale et à rayure parabolique. Son zèle et sa persévérance déterminèrent le gouvernement, comme nous allons voir plus loin, à l'admettre dans un concours spécial avec plusieurs autres systèmes, concours dans lequel il succomba du reste.

L'exemple de Lancaster fit surgir dans le peuple actif et industrieux de l'Angleterre une légion d'inventeurs, tous persuadés que le moment était favorable pour s'occuper de la fabrication des canons rayés.

Une énumération de toutes ces inventions, qui d'ailleurs étaient souvent fort problématiques, bien qu'elles aient été brevetées, nous conduirait évidemment trop loin et ne serait que d'un mince intérêt ; nous nous contenterons de nommer ceux des systèmes qui, malgré certains défauts essentiels, possèdent néanmoins une vraie valeur technologique.

SYSTÈME WHITWORTH

Le système de canons rayés inventés par sir Joseph Whitworth, de Manchester, propriétaire d'une manufacture considérable de canons et de machines, se distingue : 1° par la forme polygonale de la section de l'âme, laquelle forme un hexagone régulier avec angles fortement arrondis ; 2° par la surface hélicoïdale à 6 facettes de l'intérieur de l'âme.

Les projectiles de différentes formes et de diverses longueurs ont une section analogue à celle de l'âme ; ils ne reçoivent pas d'enveloppe de plomb, le chargement se faisant par la bouche, d'où il résulte un certain vent. Whitworth employait en général d'une manière exclusive le chargement par la bouche ; mais il avait aussi imaginé dès l'origine un mode de fermeture particulière pour chargement par la culasse, lequel n'a toutefois été mis à exécution que pour les petits calibres, sans donner des résultats permettant d'en bien augurer.

Le mécanisme de cette fermeture est le suivant :

La culasse est entamée par cinq ou six filets d'écrou au moyen desquels on peut visser sur le canon une culasse mobile ou pièce de fermeture ; quand elle est libre, elle peut tourner latéralement à l'aide d'une charnière verticale adaptée au canon (dans le genre du verrou prussien), de manière à permettre l'introduction de la charge.

Pour ouvrir ou fermer la culasse mobile, on agit sur un bras ou levier, muni de deux sphères destinées à augmenter son moment de rotation. Ce bras peut tourner d'une certaine quantité ; grâce aux masses extrêmes, on peut, aussi bien en commençant à ouvrir qu'en terminant de fermer, donner une vigoureuse secousse qui facilite le mouvement et la manœuvre de la pièce de fermeture.

. La lumière située dans le prolongement de l'axe du canon est percée dans le fond de la pièce de culasse.

Elle débouche extérieurement dans un tube fermé à l'arrière et muni d'une fente de chaque côté. Ce tube est vissé dans la culasse mobile ; il a pour objet de préserver les hommes de blessures et le matériel de dégradations, lesquelles pourraient provenir soit des gaz sortant par la lumière, soit du tube de l'étoupille projeté en arrière de la pièce.

On fabrique les canons Whitworth en soudant ensemble un grand nombre de couches d'anneaux concentriques superposés, d'acier Firth pour les couches intérieures, et d'un métal spécial dit métal Whitworth pour les couches extérieures. Les cercles extérieurs sont placés à froid par l'action de la presse hydraulique ; une culasse massive est vissée dans la partie postérieure du canon.

Le métal Whitworth est une espèce d'acier provenant de la transformation du fer au charbon de bois, fabriqué soit en Suède, soit en Allemagne, au moyen des minerais de fer spéculaire. Cet acier est fondu sous une pression hydraulique de 20,000 livres par pied carré, puis forgé le plus soigneusement possible, dans toutes ses parties, sous le marteau à vapeur.

La résistance absolue du métal Whitworth comparée à celle du fer, est dans la proportion de 2,5 à 1, d'après les épreuves exécutées à l'usine Whitworth même.

Nous ne savons pas si la production de ce métal est le résultat de quelque mode secret de fabrication ; toutefois, c'est cette branche de sa fabrication que Whitworth a enveloppée d'un notable mystère. Lorsqu'il accompagne dans ses

ateliers des étrangers de distinction, il s'arrête habituelle-
ment devant une certaine porte, conduisant aux ateliers où
l'on fabrique l'acier, puis il dit avec une certaine solennité :
Par cette porte ne passent que les gens qui appartiennent à
la manufacture.

Pour l'établissement de ses canons, Whitworth attache un
très-grand prix à la plus minutieuse exactitude pour ce qui
concerne les dimensions de l'âme, la longueur du projectile,
son poids, la grandeur du vent, etc..... Depuis le fusil de
dame de $\frac{1}{4}$ de pouce jusqu'au canon de 9 pouces, il exige la
plus rigoureuse précision pour assurer la justesse du tir ;
c'est du reste grâce à l'étonnante résistance de ses canons,
qu'il a pu pousser la charge au maximum, de manière à
obtenir des résultats vraiment extraordinaires en fait de
vitesse initiale, de portée et de pénétration.

Il est certain que la manufacture Whitworth est très-avan-
cée en fait de perfectionnements, pour ce qui concerne ses
produits.

Cela provient de ce que tous les instruments employés
pour mesurer les longueurs, surfaces, volumes, ainsi que
les autres instruments de révision, permettent de répondre
du dix millième de pouce. On peut se demander si une exactitude aussi scrupuleuse ne va pas, dans la plupart des cas,
beaucoup trop loin et si elle n'est pas inutile au point de
vue pratique. Il est toutefois incontestable que les canons
Whitworth possèdent plus de justesse que n'importe quel
système se chargeant par la bouche.

L'énorme résistance obtenue par Whitworth dans l'établissement de son métal l'a conduit à donner une importance
à tout ce qui peut augmenter la force brutale et la puissance
de l'effet produit. Toutes ces dispositions tendent à faire
obtenir avant tout un maximum de vitesse, de portée et de

pénétration, sans avoir égard à certains effets d'ensemble qui sont des facteurs tout aussi importants. La meilleure preuve de la constance de ces efforts est bien la très-singulière épreuve à laquelle on soumet chaque canon avant de le mettre en service.

Après avoir chargé le canon avec une quantité de poudre un peu moindre que celle qui correspond à sa charge maximum, on visse sur la bouche un tampon métallique très-solide et on met le feu à la poudre ; les gaz sont alors obligés de sortir par le canal de lumière qui est fort étroit ; si le canon supporte les effets de cette terrible épreuve sans traces de dégradations, il est mis en service ; dans le cas contraire, on le met au rebut.

La construction de la cartouche est fort originale ; elle est organisée de façon à donner la plus grande vitesse initiale possible. A cet effet, on place dans son axe un cylindre creux en cuivre muni d'un grand nombre d'ouvertures à la partie antérieure ; ce cylindre contient une cartouche de poudre fine. Le canal de lumière, garni d'une doublure en platine est foré suivant le prolongement de l'axe du canon à travers le cul-de-lampe ; l'étoupille communique le feu à la cartouche, laquelle le transmet elle-même, grâce à ses différentes ouvertures, à la charge proprement dite ; il en résulte une inflammation plus rapide de la poudre et par suite une augmentation de vitesse initiale pour les canons courts se chargeant par la bouche.

Disons qu'une disposition tout à fait semblable a été essayée en Prusse, il y a 4 ans, mais qu'elle n'a donné, avec le canon se chargeant par la culasse, aucun résultat positif. La plus lourde bouche à feu livrée jusqu'à présent par l'usine Whitworth est un canon rayé de 9 pouces, qui pèse 290 quintaux et lance avec une charge maxima de 50 livres différentes sortes de projectiles, depuis 225 jusqu'à 280 livres. La longueur totale du canon est de 160 pouces ; celle de l'âme est de 136 pouces. Il était, vers 1868, en essai à Shœburyness.

Les expériences de tir auxquelles ont été soumis les canons Whitworth en Angleterre, depuis un certain nombre d'années, ont toujours donné des résultats très-satisfaisants ; la non-adoption de ce système pourrait bien être attribuée à l'énormité du prix de revient.

SYSTÈMES ARMSTRONG

De M. Whitworth et de ses produits, passons à son émule le plus sérieux et le plus influent, sir W. Armstrong. Il fut, pendant de longues années, à proprement parler, le *matador* des constructeurs d'artillerie ; parmi les industriels anglais, individualité remarquable, beaucoup et trop souvent vantée, mais décriée aussi souvent, avec tout autant d'exagération.

Son système de canons date de la seconde moitié de l'année 1850. Armstrong se rangeait alors exclusivement du coté des canons se chargeant par la culasse. Voici quelles étaient les dispositions qu'il avait adoptées :

L'âme était constituée d'un tube allant depuis la culasse mobile jusqu'à la bouche ; par dessus ce tube, on soudait plusieurs autres tubes ou frettes superposées ; chacune de ces frettes se composait de plusieurs manchons (*coils*) assemblés les uns avec les autres. On fabriquait ces manchons de la manière suivante : Des barres en fer forgé, (fer ou coke de Newcastle) préalablement chauffées au rouge d'une manière uniforme, étaient roulées en spirale sur un mandrin en fer, de manière à être soudées ensemble. La longueur de ces barres ainsi que leur coupe oblique en forme de trapèze variaient suivant les différents calibres.

Cette méthode de fabrication qui devait donner une grande résistance aux canons, unie à une légèreté suffisante, n'est pas au surplus de l'invention d'Armstrong; on sait qu'elle était en usage déjà depuis des siècles dans la fabrication des fusils damasquinés.

Cependant le mérite d'avoir triomphé des difficultés considérables qui s'opposaient d'abord à l'application de ce procédé aux canons en fer forgé, lui revient incontestablement ainsi qu'à son premier adjoint Anderson. Ils trouvèrent la manière d'assembler les uns aux autres les différents manchons, ainsi qu'une méthode ingénieuse pour le forgeage des parties isolées; de plus, ils surent utiliser pour leur fabrication et sur une vaste échelle les moyens mécaniques les plus perfectionnés.

L'âme du canon Armstrong se chargeant par la culasse, occupe toute la longueur de la pièce; elle est ouverte du côté de la culasse : l'entrée est taraudée pour recevoir la vis à filet triangulaire, dite vis de culasse. Celle-ci est percée longitudinalement pour permettre l'introduction de la charge; elle peut se mouvoir soit en avant soit en arrière par le moyen de deux bras munis de volants (masses sphériques) ou d'une seule manivelle avec un seul volant : à peu près comme pour le levier décrit au sujet des canons Whitworth.

En avant de la vis de fermeture, est une ouverture verticale, perpendiculaire à l'axe; en haut, la section de cette ouverture est un carré aux angles arrondis; tout à fait dans le bas, la section devient ronde et étroite. C'est dans cette ouverture que vient se loger la pièce de lumière en acier (*vent-piece*); celle-ci porte enchassé sur la face antérieure un anneau en cuivre auquel correspond un autre anneau vissé dans la tranche antérieure de l'ouverture transversale, ou pour mieux dire dans la tranche postérieure de l'âme proprement dite. Les surfaces d'application des deux anneaux sont coniques, de manière à s'ajuster étroitement l'une dans l'autre, l'anneau de la pièce de lumière pénétrant dans l'anneau postérieur de l'âme. En faisant tourner la vis de culasse dans un sens convenable, on pousse la pièce-lumière assez en avant, pour serrer fortement les deux anneaux l'un contre l'autre, par la coïncidence exacte des surfaces de ceux-ci (hauteur du cône 5 à 6 millimètres). De cette manière on empêche le crachement du gaz au moment du départ du coup, autrement dit, on assure l'obturation.

Les canons de gros calibre ne reçoivent point d'anneau en cuivre ; seulement, avant chaque coup on place en avant de la pièce de fermeture un godet en fer-blanc analogue au culot de papier mâché des pièces prussiennes, de manière à remplir le même objet.

L'âme se compose de la chambre et de la partie rayée ; celle-ci a, suivant le calibre, un nombre différent de rayures à faces parallèles, de peu de profondeur et peu de largeur, dont les arêtes opposées aux flancs directeurs sont fortement arrondies.

Les canons Armstrong tiraient trois sortes de projectiles : des projectiles pleins, des obus ordinaires et des obus à segment ; les deux premiers nommés, n'étaient destinés qu'aux canons de siége, de place et de la marine, tandis que les batteries de campagne étaient exclusivement approvisionnées d'obus à segment (shrapnels transformés). Tous les projectiles recevaient une mince enveloppe de plomb allié avec de l'antimoine ($\frac{1}{20}$). Cette enveloppe était soudée à la soudure de zinc avec le projectile en fonte.

On faisait usage pour les projectiles creux de deux fusées, l'une percutante, l'autre fusante, imaginées par Armstrong ;

on employait aussi la fusée à concussion de Pettman.

Le gouvernement anglais fit soumettre ce système à des essais fort suivis, et l'on constata, ou l'on crut du moins constater, qu'il était excellent sous tous les rapports. Pour récompenser alors M. Armstrong des services extraordinaires qu'il avait rendus à l'artillerie anglaise, la reine Victoria, lui accorda le titre de baronet. On supposait aussi généralement, qu'on lui avait payé une somme de 500,000 francs ; mais sir William nia formellement avoir reçu une indemnité quelconque, dans une réunion de l'*Institution of civil Engineers* en 1867, où il fut interpellé à ce sujet. On peut en conclure avec certitude qu'il n'a jamais rien accepté ; car on se demande quel est le motif qui aurait pu le décider à se défendre d'un bénéfice si loyalement gagné, en présence de tous les sacrifices en temps, peine, argent, qu'il avait faits dans l'intérêt de son pays.

On poussa dès lors vigoureusement la fabrication des canons Armstrong, et l'on adopta les calibres mentionnés dans le tableau suivant :

DÉSIGNATION DES CANONS.	CALIBRE. En pouces anglais.		NOMBRE DE RAYURES.	PAS EN CALIBRES.	LONGUEUR DU CANON. En pieds anglais.	POIDS En quintaux anglais.	CHARGES En livres anglaises.		OBSERVATIONS.
liv.									
6	2	5	32	30	5	3	»	$\frac{3}{4}$	Pouces anglais, 0^m, 0254.
9	3	»	38	38	$5\,\frac{1}{8}$	6	1	$\frac{1}{8}$	Livres anglaises, 0^k, 453.
12	3	»	38	38	6	8	1	$\frac{1}{2}$	
20	3	75	44	38	8	16	2	$\frac{1}{2}$	Pied anglais ($\frac{1}{3}$ yard), 0^m, 3048.
40	4	75	56	37	10	15	1		
100	7	»	76	—	10	81	12		Quintal anglais, 112 liv., 50^k, 802.

On avait destiné le calibre de 6 livres aux batteries de débarquement et au service des colonies, celui de 9 livres à l'artillerie à cheval, et celui de 12 livres à l'artillerie à pied ; les calibres de 20 et de 40 livres devaient fournir les fortes pièces de position de campagne ; ces dernières pouvaient aussi servir comme pièces de siége, de place et de marine, ainsi que les canons de 100 livres (canons de 100 livres veut dire canon tirant un obus oblong du poids de 100 livres).

Jusqu'en novembre 1861 on avait fabriqué à peu près 1,622 canons Armstrong, desquels on avait mis en service à peu près la moitié ; le reste était placé en réserve. Voici, du reste, la répartition par espèce.

DÉSIGNATION des CANONS	FABRIQUÉS	En RÉSERVE	En SERVICE	DÉGRADÉS à la MÊME DATE	PRIX en FRANCS
6 livres	49	44	5	»»	»»
9 et 12	464	152	312	14	2200
20	325	253	72	»»	3600
40	221	48	173	2	5200
100	563	329	234	4	12000
Ensemble	1622	826	796	20	»»

La joie patriotique des Anglais, au sujet de leur *best piece in the world* (meilleur canon du monde), comme on le nommait tout d'abord, ne devait cependant pas être de longue durée.

Les premières plaintes concernant le système Armstrong

se chargeant par la culasse, vinrent tout d'abord de la marine anglaise, plaintes provoquées par les défauts du mécanisme de fermeture, défaut qui portait naturellement sur les gros calibres dans des proportions plus fortes que sur les petits.

L'insuffisance de l'obturation, la difficulté d'enlever et de replacer la pièce de lumière après chaque coup, particulièrement celle du calibre de 100, et enfin aussi, le peu de résistance de ladite pièce de lumière, étaient les principaux griefs énoncés. Ceux-ci prirent, en peu de temps, un tel caractère de gravité que sir William Armstrong se crut engagé déjà, en l'hiver 1860 à 1861, dans une session de l'*Institution of civil Engineers*, à prendre la parole et à faire le sacrifice, en cette occasion, de certaines parties essentielles de son système ; mais comme il n'était jamais à bout de ressources, il proposa en même temps un canon à rayure à évitement, se chargeant par la bouche, et un autre se chargeant par la culasse, dont le mécanisme de fermeture était soi-disant perfectionné ; Armstrong avait, suivant ses déclarations, inventé ces canons dès 1859.

Les rayures à évitement (*shunt grooves*) sont des rayures d'un profil en gradin ; elles ont la partie la moins profonde au côté du flanc directeur, et la partie la plus profonde du côté du flanc de chargement ; les ailettes du projectile étant appuyées pendant la charge contre le flanc de chargement, ont beaucoup de jeu pour entrer, tandis que le contraire a lieu pour le départ : les ailettes s'appuient alors contre le flanc directeur, le suivent jusque vers la bouche, rencontrent là le plan incliné qu'elles remontent pour s'engager dans la partie étroite où le centrage s'effectue. On évite ainsi les ballottements du projectile dans l'âme et la diminution de la justesse qui résulterait de ces ballottements.

Armstrong avait donné à son premier canon d'essai (calibre de 120 livres) trois rayures à évitement; les ailettes du projectile étaient en zinc; ce métal devait, par sa malléabilité, rendre impossible tout coincement dans le canon.

Dans la suite, on a encore fondu un certain nombre de canons (jusqu'au calibre de 600 livres) à rayures *shunt*; néanmoins, on ne s'est jamais résolu à une adoption définitive de ce système; on a même dû, au contraire, y renoncer récemment.

L'amélioration de la fermeture du canon se chargeant par la culasse consistait principalement en ce qu'on avait remplacé le système à vis avec mouvement vertical de la pièce de fermeture, par un système à double coin, avec mouvement horizontal de cette même pièce. Cette culasse mobile s'ouvrait et se fermait au moyen d'un levier fixé sur le coin postérieur et à l'aide duquel on exerçait un choc. L'obturation était obtenue au moyen d'un godet en fer-blanc, semblable de forme au culot de papier mâché employé dans la fermeture à verrou prussienne. L'inefficacité de ces modifications fut bientôt reconnue d'une manière non équivoque dans les expériences faites à ce sujet.

CONCURRENCE ENTRE LE SYSTÈME WHITWORTH ET LES SYSTÈMES ARMSTRONG

La voix de l'opinion commença dès lors à se prononcer de plus en plus énergiquement contre le système Armstrong, et en faveur de Whitworth, depuis de longues années concurrent de sir W. Armstrong. Elle devint finalement si pressante, que le ministère de la guerre, malgré son opposition première, se vit forcé, dans les années de 1864 à 1865, de prescrire des expériences comparatives entre les canons Armstrong, se chargeant par la culasse ou par la bouche, et les canons Whitworth se chargeant uniquement par la bouche. Ces expériences devaient être fort étendues et l'examen le plus scrupuleux des pièces devait être fait sous tous les points de vue. Au reste, MM. Armstrong et Whitworth s'étaient déjà mesurés auparavant dans une circonstance moins importante.

Le résultat définitif de ces nombreux essais témoigna d'une manière décisive en faveur des canons se chargeant par la bouche, et parmi ceux-ci particulièrement en faveur du système Whitworth.

Il ne peut nous venir dans l'idée de contester les résultats de ces épreuves si scrupuleusement exécutées sur les trois systèmes ; pourtant nous ne saurions passer sous silence ce fait étonnant que les canons se chargeant par la bouche se soient montrés supérieurs, sous le rapport de la justesse, au canon se chargeant par la culasse.

Ce prétendu fait est en contradiction directe avec la théorie du tir comme avec toutes les données de l'expérience et de la pratique ; car le canon se chargeant par la culasse ne tire plus mal que celui se chargeant par la bouche que lorsqu'il est mal servi. Il faut du moins qu'il soit arrivé quelque chose de semblable lors de ces expériences, car les canons et les projectiles Armstrong devaient être, au point de vue de la fabrication, exempts de tout reproche, à en juger d'après les soins extraordinaires qu'on y avait apportés.

De ce qui précède on peut conclure que le système Armstrong avait perdu beaucoup de son prestige ; mais il le perdit complétement, surtout dans l'esprit des marins, par les résultats déplorables que donnèrent les canons Armstrong, se chargeant par la culasse, dans différents petits combats, en Chine et au Japon, notamment devant Kagosima et Simonosaki. Pendant le bombardement de Simonosaki on constata, à bord des vaisseaux anglais durant le combat, l'éclatement de 12 pièces de lumière (*vent-piece*) dans les calibres de 40 et de 100 livres, dont une au douzième, deux au troisième et une au deuxième coup.

Il y eut, en outre, sur le *Léopard,* avec un canon de 40 livres, un si fort échappement de gaz, que la partie du pont qui se trouvait au-dessus en fut soulevée et arrachée ; la pièce de lumière put être remuée mais non enlevée, ce qui nécessita le rechange du canon avec une pièce de l'autre bord.

Sur l'*Argus*, un canon de même calibre mit hors de service trois pièces de lumière qui furent brisées ; comme on n'avait plus à bord de pièce de lumière intacte, ce canon dut cesser le feu. Enfin, à bord de l'*Euryalus* et du *Tartare,* deux pièces de lumière furent refoulées, ce qui occasionna de notables embarras dans le service des bouches à feu.

CONCOURS POUR UN SYSTÈME D'ARTILLERIE

Après la défaite d'Armstrong on eût peut-être adopté, en Angleterre, le système de son victorieux concurrent Whitworth ; mais en même temps que l'on avait commencé le tir comparatif entre les pièces Armstrong et Whitworth, on avait aussi entrepris d'autres expériences sur différents systèmes de canons rayés et de projectiles dont le résultat final fut l'introduction, dans l'artillerie anglaise, du système actuellement en service.

Ce *steeple* formidable des inventeurs de l'artillerie, chez les Anglais, paraît avoir sa raison d'être en partie dans l'influence qu'exerce, sur la matière, l'opinion publique, sorte de sixième grande puissance, dont la pression est très-énergique sur ce qui concerne la technologie militaire, trop énergique même, et plus qu'il ne conviendrait en pareille matière ; il est vrai de dire qu'en Angleterre cet état de choses est le résultat de l'attrait qu'offrent la spéculation privée et la chasse effrénée au brevet. On ne doit donc pas s'étonner de ce que nous avons dit plus haut à propos des nombreux fabricants et spéculateurs qui, enhardis par le brillant succès qui signala le début de sir Armstrong, se jetèrent à corps perdu dans cette branche d'industrie généralement lucrative.

EXPÉRIENCES COMPARATIVES DE TIR DE CANONS RAYÉS

Les expériences comparatives pour canons se chargeant par la bouche, exécutées en 1864, portèrent sur les systèmes rayés suivants :

1° Commodore Scott, de la marine anglaise ;

2° Lancaster ;

3° Jeffery ;

4° Britten ;

5° Rayures de l'artillerie française.

Ce dernier dut prendre part au concours d'après le désir formel exprimé par l'*Ordnance Select Committee*. Cette commission se composait de 8 officiers d'artillerie, du génie et de la marine, sous la présidence du général Lefroy.

Quatre canons se chargeant par la bouche, du poids de 152 quintaux, de 149 pouces 5 de longueur totale, 122 pouces $\frac{1}{4}$ de longueur d'âme, et 6 pouces 8 de calibre, construits d'après le système Armstrong, avec plusieurs couches de frettes en fer forgé, vis de culasse, tube intérieur en acier, furent à cet effet rayés d'après le système qu'on voulait mettre en expérience. Il est à remarquer ici que les systèmes Jeffery et Britten ne différaient pas l'un de l'autre pour ce qui concerne l'âme et les rayures.

Le canon Scott avait cinq rayures profondément entamées du côté du flanc directeur, et aplaties du côté du flanc de chargement, le pas était de 23 pieds $\frac{1}{4}$ (pied, $0^m,3048$) ou 42 calibres; le projectile avait 5 nervures hélicoïdales, tracées conformément au pas de la rayure.

Le canon Lancaster était à section elliptique, ainsi qu'on l'a dit plus haut, avec pas de 29 pieds, ou 51,42 calibres, en entendant par calibre le petit axe de l'ellipse; le grand axe était de 0,6 pouces plus grand.

Le canon Jeffery et Britten avait 13 rayures à section rectangulaire ou à peu près; le pas était de 65 pieds ou 115 calibres. Les deux systèmes étaient basés sur le principe du forcement du projectile par expansion; ils ne différaient que par la manière dont le culot expansif en plomb était fixé à la base du projectile.

Le canon rayé d'après le système français avait trois rayures peu profondes et à angles arrondis, avec pas diminuant progressivement à partir de la culasse jusqu'à la bouche, depuis l'infini jusqu'à 21 ou 37 calibres. Les projectiles étaient guidés par une couronne antérieure de 3 ailettes et par une autre postérieure de 3 plaques isolantes, disposition nécessitée par le pas variable de la rayure; les ailettes étaient plus larges que les plaques isolantes. Le tir fut exécuté, soit avec projectiles pleins, soit avec projectiles creux, respectivement du poids de 100 et 90 livres, à des charges de 22, 75, — 18, 2, — et 19, 9 livres de poudre.

Disons tout d'abord que les systèmes Jeffery et Britten furent mis hors de cause après quelques coups; malgré le peu d'inclinaison de la rayure, des fragments considérables de plomb étaient arrachés du projectile, dont la trajectoire devenait tellement irrégulière que l'on se vit contraint de ne pas pousser plus loin ces expériences.

Le résultat définitif des essais continués sur les trois autres systèmes, auxquels on avait ajouté plus tard un canon Armstrong, à rayures *shunt*, se chargeant par la bouche, fut que la commission se crut fondée à reconnaître la supériorité du système français.

Les raisons principales sur lesquelles s'appuyait cette décision inattendue étaient les suivantes : facilité du chargement, petit nombre de rayures (seulement 6 ailettes, tandis que le projectile pour rayures *shunt* en avait 30), simplicité du procédé pour rayer les canons, et enfin la possibilité d'augmenter la vitesse de rotation par l'adoption du pas progressif.

Le système jusqu'alors si médiocrement estimé, emprunté à l'État qui, pendant des siècles, fut l'ennemi héréditaire de l'Angleterre, dut donc y être réellement importé et adopté ; mais pour ne pas blesser outre mesure l'amour-propre national fort susceptible chez John Bull, on rebaptisa tout de suite l'enfant nouvellement adopté et on lui donna, sans sourciller, le nom de canon *Woolwich*, en le déclarant avec sang-froid « *the best piece in the world.* »

LE CANON RAYÉ DE WOOLWICH

Ce système de canon adopté d'abord pour le calibre de 7 pouces anglais, le fut aussi, dans les années suivantes, pour les canons de 8, 9, 10, 11, 12 et 13 pouces, se chargeant pas la bouche ; on finit par le donner à l'artillerie de campagne, mais outre ces canons on avait maintenu concurremment en service :

1° Les anciens canons Armstrong à rayures *shunt*, se

chargeant par la culasse, les uns avec fermeture à vis, et les autres avec fermeture à coin ;

2° Les canons Armstrong à rayure *shunt*, se chargeant par la bouche. D'autre part, une légion d'inventeurs appelés, sinon toujours élus (parmi lesquels se firent surtout remarquer Lancaster et Whitworth par leur persistance infatigable), avaient le talent d'imposer sans relâche au gouvernement l'essai d'une masse de nouvelles inventions d'artillerie généralement très-hasardées. Il en résulta, en définitive, que l'artillerie anglaise est devenue une macédoine panachée d'une foule de systèmes de canons, projectiles et fusées, les uns en partie adoptés, les autres à adopter et en partie déjà rejetés ; désordre inextricable dont nous souhaitons vivement que le ciel nous préserve à jamais.

A l'appui de ce que nous venons de dire, citons l'énumération suivante :

D'après la *List of Service ordnance and ammunition*, émanant du ministère de la guerre, il existait, rien qu'en gros canons du système Woolwich, se chargeant par la bouche, 6 calibres, qui se subdivisaient en 14 modèles différents. Il y avait ensuite 3 sortes de projectiles pleins et 5 sortes de projectiles creux; de ces 8 sortes de projectiles, on en tirait 6 dans le canon de 7 pouces.

Pour les 5 sortes de projectiles creux on employait 11 modèles différents de fusées, savoir : 5 modèles d'Armstrong, 5 de Boxer et 1 de Pettman.

Il y avait, pour le seul canon de 7 pouces, 7 fusées différentes : 3 pour l'obus ordinaire, 3 pour l'obus allongé et 1 pour le shrapnel.

Pour le canon de 20 livres se chargeant par la culasse, on ne compte pas moins de 6 modèles différents en service.

Les données du système Woolwich, relatives à la vitesse initiale et à la force vive, se trouvent dans le tableau suivant :

DÉSIGNATIONS DU CANON En pouces anglais de 2^c,54	POIDS DU CANON En quintaux de 50^k,8	CHARGE EN KIL.		POIDS DU PROJECTILE En kil.	VITESSE INITIALE En mètres.
13 pouces	467	31 k.	75	281 k. »	371
13	467	27	25	281 »	346
12	508	34	05	273 »	360
10	365	27	25	181 5	392
9	244	19	05	113 5	408
9	244	13	05	113 5	371
8	183	16	»	81 5	405
8	183	9	»	81 5	355
7	142	10	»	52 »	446
7	142	6	25	52 »	385
7	132	10	»	52 »	435
7	132.	6	25	52 »	378

Ces vitesses initiales sont certainement considérables, sauf pourtant celle du canon de 7 pouces malgré sa charge de 20 livres manifestement exagérée. Mais elles sont de beaucoup inférieures à celles obtenues avec la poudre prismatique dans les canons prussiens se chargeant par la culasse.

La même chose a lieu à l'égalité de calibre au point de vue de la force vive $\left(\frac{P\,V^2}{2\,g}\right)$ dans laquelle, comme on voit, le facteur qui a le plus d'importance est la vitesse (V) du projectile.

Mais où se montre la supériorité de nos canons sur le système de Woolwich, à un degré tout à fait remarquable, c'est au point de vue de la justesse absolue, laquelle est et restera le côté faible des systèmes se chargeant par la bouche.

Dans notre opinion, tout le reste, · vitesse, tension de trajectoire, force vive, etc., peut à la rigueur s'obtenir avec le canon se chargeant par la bouche ; mais pour une justesse égale à celle du canon se chargeant par la culasse, nous ne le pensons pas.

On s'empressa d'appliquer le système de Woolwich aux rayage des lourdes bombardes, dans l'intention d'augmenter la puissance défensive des batteries de côtes : celles-ci pouvant, par leurs feux verticaux, devenir très-dangereuses pour les ponts des navires généralement fort peu protégés.

C'est d'après ces idées que, en 1869, on a mis en essai trois obusiers rayés, dont les proportions furent établies ainsi qu'il suit :

PIÈCES

DÉSIGNATION DU CANON d'après le calibre en pouces anglais.	POIDS DU CANON en quintaux de 50 kil. 8.	LONGUEUR DU CANON En centimètres.	PAS DES RAYURES En calibres.	NOMBRE DE RAYURES.
8 pouces.	64	167,5	30	4
9	76	192	35	5
10	101	215	40	7

PROJECTILES

CALIBRES EN POUCES ANGLAIS	POIDS de L'OBUS CHARGÉ en kilogrammes.	POIDS de la CHARGE EXPLOSIBLE en kilogrammes.	LONGUEUR DE L'OBUS en centimètres.
8 pouces.	54,5	2,6	38,5
	65,0	3,4	45,5
9 pouces.	90,5	3,5	45,5
	109,0	4,2	53,7

L'affût, pour canons de 8 pouces, pesait 36 quintaux ; celui pour canons de 9 pouces, 42 quintaux ; le premier permettait de tirer depuis 5° jusqu'à 45°, le second de 0° à 70°.

Les degrés étaient donnés au moyen d'un segment de roue dentée, adaptée sur le côté du canon. Il n'y a pas encore d'affût pour l'obusier de 10 pouces.

Indépendamment de ces canons courts, dont le besoin s'est fait sentir dans toutes les artilleries, et à juste titre, en présence du progrès des canons rayés, les Anglais, toujours séduits par l'idée des constructions colossales, ont favorisé la création de bouches à feu d'un poids énorme : celles-ci, à la vérité, imposaient à l'œil par leurs formes puissantes, mais l'immensité même de leurs masses aurait dû, par analogie avec les canons géants des âges précédents, mettre en garde contre leur insuccès probable.

Déjà, en 1868, on avait élaboré un projet de canon de 20 pouces (50°,8) en fer forgé, lequel devait peser 509 quintaux métriques, avec une longueur totale de 6^m,30, une longueur d'âme de 4^m,93 et le plus grand diamètre à la culasse de 1^m,73. Ce canon ne fut pas exécuté, et nous avons lieu de penser que l'artillerie anglaise ne s'en plaindra pas.

En revanche, la direction des fonderies a fait mettre à l'étude, en 1869, sur la demande de l'Amirauté, un canon de 14 pouces (35^c,6) ; les deux types furent élaborés conformément aux données suivantes :

	CONSTRUCTION Légère. POIDS DU CANON 855 quintaux.	CONSTRUCTION Lourde. POIDS DU CANON 1040 quintaux.
Longueur totale. . .	5^m 18	5^m 48
Longueur d'âme. . .	4^m 44	4^m 62
Poids du projectile .	410 kil.	455 kil.
Charge.	72,5	75 —
Prix.	115,000 fr.	127,500 fr.

La direction des fonderies a cru devoir donner la préférence à la construction lourde, en prévision de sa plus grande résistance et de ses grands effets. Nous n'avons aucun renseignement relativement à la mise à exécution de l'une ou l'autre pièce.

En ce qui concerne la fabrication des canons Woolwich, on s'est, dans ces derniers temps, sensiblement écarté des procédés de sir William Armstrong.

PROCÉDÉ DE FABRICATION DE FRASER

Un industriel, du nom de Fraser, a proposé, en vue de diminuer les frais de construction, sans nuire à la qualité des produits, de réduire à 5 les éléments des canons Armstrong, de gros calibre, et à moins de 5 les canons de calibre inférieur, de manière à diminuer le nombre de manchons (*coils*)

qu'Armstrong dispose par couches successives sur le tube
principal. Ces cinq parties sont : le cylindre intérieur ren-
forcé ou tube A ; une frette antérieure extérieure, tube B ;
une frette postérieure antérieure (frette de culasse); la vis
de culasse avec bouton de culasse vissé dans cette dernière,
et enfin la frette porte-tourillons.

Fraser emploie de plus un fer d'un prix moins élevé (fer
du Staffordshire), d'une tenacité moindre que celui du
Yorkshire employé par Armstrong, mais qui en revanche
paraît se souder beaucoup plus facilement et d'une manière
plus satisfaisante au point de vue de la solidité de la soudure.

Fraser ayant arrêté le nombre des frettes extérieures à un
minimum, il lui devenait plus facile d'éviter les malfaçons
inhérentes au procédé si compliqué d'Armstrong : malfaçons inévitables, malgré les soins les plus minutieux et la
longue habitude. En effet, assez souvent, les surfaces destinées à être en contact s'assemblaient mal, et la soudure se
faisait d'une manière incomplète.

Les simplifications introduites par Fraser, jointes au prix
moins élevé du fer, ont permis de réduire des $\frac{3}{5}$ le prix des
canons Armstrong. Aussi son procédé est-il adopté d'une manière exclusive, depuis trois ans, à la fonderie de Woolwich.

Les bons résultats que le système Fraser promettait aux
Anglais, au point de vue de la résistance et des garanties
contre les hasards de l'éclatement, sont restés à l'état
d'utopie. Un grand nombre de ces canons sont déjà hors
de service; les uns sont fendus et crevassés, les autres ont
carrément éclaté. Contrairement aux prédictions formelles
de l'*Ordnance select committee*, un canon Fraser s'est
permis d'éclater au premier coup, le 13 septembre 1868 ;
les morceaux étaient nombreux et de grosseurs variables ;
les caractères de l'accident étaient tout aussi peu rassurants

que ceux que l'on a constatés pour les canons en fonte.

PROJECTILES PALLISER

Pour ce qui concerne les projectiles des canons Woolwich, nous mentionnerons le projectile massif, en usage pour le tir contre les cuirasses, et l'obus Palliser en *fonte durcie* (coulage en coquille). Ces projectiles offrent à la cassure une fonte uniformément blanche, c'est tout au plus si l'on aperçoit dans quelques points du culot, voisins de l'axe longitudinal, quelques parcelles de fonte grise. Ce n'est pas que Palliser attribue beaucoup de valeur au procédé du coulage en coquille, au point de vue de la dureté du projectile; il ne le préconise que parce qu'il permet d'aller plus vite et qu'il offre plus de facilité d'exécution. Les coquilles sont disposées de telle façon que l'obus tombe de lui-même quand on retourne la forme; la même forme peut resservir jusqu'à 12 fois dans la même journée.

Le procédé Palliser est en opposition directe, comme principe, avec le procédé Gruson, de Bukau, près Magdebourg; on sait que cet industriel fournissait les projectiles en fonte dure à la Prusse, à la France et à la Russie.

Les projectiles Gruson ne sont en fonte dure et blanche que sur une mince couche extérieure; le noyau intérieur est en fonte douce et grise; et c'est précisément au mode de coulage en coquilles que Gruson attribue la composition intérieure de sa fonte.

Des essais comparatifs de tir contre des buts cuirassés exécutés avec des obus en fonte durcie de Gruson et de Palliser ont au surplus, il y a déjà quelque temps, démontré d'une façon décisive et pratique que les produits Gruson sont de beaucoup les meilleurs; son mode de fabrication est donc probablement aussi le plus rationnel. Bref ses obus se sont montrés beaucoup plus susceptibles de résistance aux efforts de rupture que les obus Palliser. Tirés contre une plaque de 7 pouces d'épaisseur, boulonnée contre le bordage d'un vaisseau cuirassé, les obus Gruson éclatèrent toujours à hauteur du revêtement intérieur, tandis que les obus Palliser, après avoir quelque peu pénétré par la pointe, se brisaient contre la cuirasse sans la traverser, de sorte que la charge de rupture se dissipait en fumée sans produire aucun effet. Chose assez singulière, les projectiles Palliser éclatèrent souvent dans l'âme ou par le choc en touchant terre. Ainsi, sur un certain nombre d'obus tirés le 8 décembre 1868 avec le canon de 11 pouces, 2 se brisèrent dans l'âme et 3 en touchant le sol; dans une autre experience de tir, en février 1869, deux projectiles pleins se brisèrent également dans le canon.

Voici quelques données numériques sur les projectiles en fonte dure de Palliser :

CALIBRES en pouces anglais de 2c,54.	ESPÈCES de PROJECTILES.	LONGUEUR en CENTIMÈTRES.	POIDS du PROJECTILE KIL.	POIDS DE LA CHARGE de rupture kil.
7 pouces	projectiles massifs.	37°,5	52,0	»
8	—	»	81,5	»
9	—	48	113,5	»
10	—	62	181,5	»
12	—	65	272,0	»
7	obus.	40,5	52,0	0,9
8	—	»	81,5	»
9	—	54	113,5	2,5
10	—	69	181,5	4,38
12	—	73	272,0	6,0

Les pointes des projectiles ont une forme ogivale aiguë ;
le rayon *de courbure* est de 1 calibre $\frac{1}{2}$. Les projectiles
massifs sont fondus comme les obus, c'est-à-dire avec un
vide central, étroit et cylindrique, dont on ferme l'ouverture
en plaçant une vis dans le fond. Cette disposition doit contribuer à augmenter la résistance, si l'on admet qu'elle
permet aux couches de fonte, pendant le coulage et le
refroidissement du métal, de se répartir d'une manière plus
favorable à la tenacité.

Chaque projectile est muni, sur la partie cylindrique
extérieure, de deux couronnes d'ailettes en bronze ; les
ailettes de la couronne antérieure sont, à cause du tracé
parabolique des rayures, moins larges que celles de la couronne postérieure.

On a aussi essayé des projectiles à une seule couronne
d'ailettes, afin de faciliter le chargement, et il paraît que de
cette façon les rayures conduisaient mieux le projectile, ce
qui nous semble fort douteux.

Outre les obus en fonte durcie de Palliser, on emploie
aussi, contre des vaisseaux en bois et contre des ouvrages
en terre ou en maçonnerie, des obus allongés en fonte ordinaire ; leur forme est semblable à celle de l'obus en fonte
durcie, mais ils contiennent une charge de rupture beaucoup
plus considérable.

POUDRES DE DIFFÉRENTES ESPÈCES

Les canons Woolwich font usage de 3 sortes de poudre
différentes :

1° Poudre à gros grains pour canons rayés (*large grained
rifle powder*);

2° Poudre en pastilles (*pellet powder*);

3° Poudre en cailloux (*pebble powder*).

La poudre à gros grains se compose de 76,69 parties de salpêtre, 8,81 de soufre et 14,76 de charbon, plus une petite quantité d'une matière résineuse qui recouvre les grains à la surface. Cette poudre est très-vive et ses effets sur la pièce sont très-offensifs. Pour cette raison elle permet certainement de donner une notable vitesse au projectile, avec des canons se chargeant par la bouche, avec vent autour des projectiles et ayant proportionnellement peu de longueur d'âme, comme les canons Woolwich ; mais d'autre part elle présente des inconvénients considérables, au point de vue de la conservation et de la durée des pièces.

Une singulière particularité qui caractérise la *large grained rifle powder*, c'est que les vitesses initiales qu'elle donne sont sensiblement plus grandes par les temps chauds que par les temps froids. Ce phénomène tient sans doute à ce que, par l'action de la chaleur, l'enveloppe résineuse devient plus poreuse, en sorte que l'inflammation et la combustion ont lieu plus rapidement.

La poudre *en pastilles* (*pellet powder*) a été, depuis 5 ans, l'objet d'un grand nombre d'essais de toutes espèces, par suite de l'impérieuse nécessité où l'on se trouvait de remplacer la précédente, dont les effets brisants compromettaient l'existence des pièces en fer. Les grains de la poudre *pellet* ont la forme d'une pastille percée d'un côté par une petite excavation tronconique : le diamètre de la pastille est d'environ 20 mil., sa hauteur de 13 mil. Cette poudre brûle plus lentement que l'autre, et elle est, par conséquent, moins offensive, mais elle donne de moindres vitesses dans les pièces de petite longueur d'âme. On l'emploie exclusivement pour les charges de 60 livres (27 kil.) et au dessus.

La poudre en *cailloux* (*pebble powder*), réalisée en

Angleterre dans ces derniers temps, est une imitation de la poudre prismatique employée en Russie et en Prusse; elle a du moins, avec cette dernière, une grande analogie. Suivant ce qu'on nous a rapporté, d'après les dernières expériences anglaises, voici quelles étaient les pressions maximas sur le fond de l'âme, correspondant à une vitesse initiale de 420^m avec les différentes poudres, dans le canon Woolwich de 9 pouces.

Large grained rifle powder . . . . . 26400 k.
Pellet powder . . . . 19300 k. (?)
Poudre prismatique. . . . . . . 17750 k.
2 espèces différentes de *pebble powder*. 15250 et 14200 k.

Ces nombres ne nous paraissent pas bien d'accord : ils sont en contradiction avec les conditions fondamentales qu'il faut réaliser pour obtenir de grandes vitesses initiales dans les canons à âme courte se chargeant par la bouche. On nous a dit aussi, ce qui nous paraît sujet à caution, que la poudre prismatique avait donné, dans le canon Woolwich de 9 pouces, une plus grande vitesse initiale que la poudre *pellet*; en revanche, la poudre prismatique aurait donné moins de vitesse que la *large grained rifle powder*, ce qui nous semble tout à fait probable.

A l'heure où nous écrivons (1870) la poudre *pebble* est encore à l'étude, et le gouvernement anglais n'a rien décidé concernant son adoption définitive.

Passons maintenant à la puissance rivale.

3° FRANCE

En 1859, lors de la campagne d'Italie, l'artillerie française avait déjà, comme chacun sait, des canons rayés.

Aucune puissance n'étant encore pourvue de ces sortes d'engins, la nouvelle artillerie devait naturellement faire époque en vertu du vieux proverbe que « dans le royaume des aveugles les borgnes sont rois. »

SYSTÈME DIT : LA HITTE

A partir de cette époque, éblouie par l'auréole de gloire acquise en cette circonstance au nouveau canon, la France s'éprit d'une profonde admiration pour le système dit : *la Hitte,* l'objet des petits soins de l'empereur Napoléon lui-même. Ceci explique les conditions défavorables où se trouvait l'artillerie française, pour juger d'une manière impartiale les imperfections inhérentes au système de chargement par la bouche, spécialement sous le point de vue de la justesse.

Aujourd'hui même, 1870, en France, canons de campagne, de siége, de place, tout est du même système qu'il y a dix ans.

SYSTÈME DU CHARGEMENT PAR LA CULASSE POUR L'ARTILLERIE DE MARINE ET DE COTE

Toutefois, pour ce qui concerne l'artillerie navale, on a cru devoir adopter, vers 1864, des modifications d'une véritable importance. Le chargement par la bouche fut abandonné pour celui par la culasse : on put, en conséquence, diminuer notablement le *vent* des ailettes et modifier la forme de celles-ci. La rayure à pas constant fut laissée de côté pour la rayure à pas décroissant; les charges de poudre furent notablement augmentées. Grâce à ces changements, on obtint plus de justesse et plus de force vive ; mais l'édifice resta sans couronnement et la réforme fut incomplète. Tout ce que l'on en obtint, ce fut de se familiariser avec les inconvénients et les difficultés du chargement par la culasse , mais on ne sut pas s'en approprier véritablement les avantages et en tirer tout le profit qu'il peut donner. La faute la plus grave fut le rejet du projectile forcé à enveloppe de plomb ; on s'arrêta à la moitié du chemin qui menait à l'adoption du système prussien, lequel, ainsi que nous le verrons, est infiniment supérieur, sous tous les rapports, au système français de 1864.

FABRICATION DES CANONS

Les canons français de gros calibre, pour la marine et le service des côtes, sont en fonte, renforcés à la culasse par deux couches de frettes en acier, placées à chaud, et exerçant sur le corps de la bouche à feu une pression déterminée, d'où un serrage et un accroissement correspondant dans la résistance à la rupture.

Le coulage de toutes ces pièces se fait à la fonderie de Ruelle, qui a reçu dans ce but, il y a quelques années, des agrandissements tout à fait sérieux. Le canon est coulé à noyau, la culasse en haut ; le métal en fusion est amené par deux conduits qui débouchent à différentes hauteurs tangentiellement au pourtour du moule ; de cette façon, la fonte liquide, à mesure qu'elle monte dans le moule, est animée d'un certain mouvement de rotation.

A la fin de 1867, voici le nombre des pièces livrées par la fonderie de Ruelle, après un exercice de 4 années :

2	canons	lisses	de 42	centimètres	
9	—	rayés	de 27	—	
61	—	—	de 24	—	
150	—	—	de 19	—	
80	—	—	de 16	—	

Les prix effectifs de fabrication sont :

Calibre de	42	centimètres	31,300 fr.
—	27	—	17,100
—	24	—	11,970
—	19	—	6,990
—	16	—	4,700

Les frettes d'acier puddlé proviennent de l'usine Petin-Gaudet, à Rive-de-Gier, près Saint-Étienne. Le canon de 16e ne reçoit qu'une couche de frettes, tous les autres calibres en ont deux ; l'une des deux porte les tourillons. Extérieurement, les pièces sont de forme cylindrique dans la moitié postérieure; la moitié antérieure ou volée est de forme conique uniformément jusqu'à la bouche.

L'âme se divise en trois parties : 1° Logement de la culasse mobile ; 2° Emplacement de la charge ; 3° Partie rayée.

Le logement de la culasse mobile porte un écrou de vis à filet triangulaire ; mais cette partie n'est taraudée que sur trois segments de 60° d'amplitude, de deux en deux pour six segments. De même la vis de culasse n'est filetée que sur 3 segments de même étendue angulaire. Il résulte de cette disposition une véritable économie dans le temps employé pour ouvrir et fermer le tonnerre ; de plus, elle permet d'assurer à la vis de culasse une position stable et toujours la même après la fermeture, et elle fait concourir simultanément à cette opération toute la partie filetée de la culasse mobile. La face antérieure de celle-ci est entaillée d'une sorte de godet cylindrique, ayant le même axe que celui de la pièce, et destiné à recevoir la *rondelle porte-obturateur* ; celle-ci peut tourner sur elle-même grâce à un bouton spécial qu'elle porte à l'arrière. En avant de cette rondelle est vissé *l'obturateur* analogue comme forme au culot de papier mâché des canons prussiens (système à verrou). Les bords de cet obturateur sont disposés de manière à présenter un renflement qui, au moment de l'explosion du gaz, s'applique contre les parois d'une rigole circulaire de même forme, réservée *ad hoc*, vers la partie postérieure de la chambre. Lorsque l'on commence à remarquer dans cette rigole certaines érosions produites par les gaz, et de nature à compromettre l'obturation, on utilise une deuxième rigole placée immédiatement en arrière de la première, et d'un diamètre plus grand. Mais pour que l'obturation se produise, il faut, de toute nécessité opérer le rechange de la rondelle *porte-obturateur* avec une autre de hauteur moindre, et remplacer l'obturateur par un autre d'un plus grand diamètre, s'adaptant aux dimensions de la deuxième rigole.

Le mouvement de la culasse mobile s'obtient à l'aide d'une manivelle à poignée qui sert à imprimer la rotation pour ouvrir ou fermer. Cette culasse mobile une fois retirée en arrière, est reçue par un support spécial, dit *console à charnière* (à peu près comme dans le système prussien à verrou); grâce au mouvement de rotation de cette console, on peut mettre complétement à découvert l'ouverture postérieure du canon, ce qui permet l'introduction de la charge. La culasse mobile, et la rondelle porte-obturateur sont en acier trempé; l'obturateur est en acier wolfram.

Le mode de fermeture du système français, tel que nous venons d'essayer de le décrire, présente certainement des avantages ; mais si on le compare aux dispositions adoptées dans le système Krupp pour le même objet, on ne peut nier que celui-ci ne lui soit tout à fait supérieur au point de vue de la simplicité, de la légèreté, de la facilité du service, et surtout au point de vue de l'efficacité du système d'obturation.

Le calibre de la chambre diffère de celui de l'âme proprement dite, du double de la profondeur des rayures. Celles-ci ont une section trapézoïdale ; leur nombre est de 3 pour le canon de 16°, de 5 pour les calibres supérieurs ; l'hélice à pas variable qui leur sert de directrice fait avec l'axe du canon un angle de 0° au débouché de la chambre et de 6° à la bouche du canon. La rayure est non-seulement *parabolique :* elle est aussi *progressive* en ce sens que la profondeur diminue progressivement de la culasse à la bouche. A ce dernier emplacement, le diamètre de l'âme, mesure prise au fond des rayures, est égal au diamètre des projectiles, mesure prise par dessus les ailettes. Le flanc directeur et le flanc opposé, sont également inclinés sur le rayon aboutissant au milieu du fond de la rayure, en opposition à ce qui a lieu dans la rayure des canons français de campagne et de siége. La rayure n° 1 part de la génératrice inférieure de la chambre ; son extrémité postérieure débouche à l'entrée une rigole entaillée dans le bas de la chambre et qui règne sur toute la longueur de celle-ci ; elle sert à guider les ailettes du projectile au moment de l'introduction de celui-ci.

PROJECTILES

Voici la nomenclature des projectiles employés :
1° Boulet d'acier à tête cylindrique ;
2° Boulet plein en acier, à pointe cylindro-ogivale ;
3° Obus en fonte durcie Gruson, à pointe cylindro-ogivale ;
4° Obus oblong en fonte ordinaire, à pointe cylindro-ogivale, avec fusée percutante (servant aussi d'obus incendiaire);
5° Boulet plein en fonte à pointe cylindro-ogivale ;
6° Boîte à mitraille (enveloppe de fer-blanc remplie de balles de zinc).

Les n°s 1, 2 et 3 sont des *boulets de rupture* destinés exclusivement au tir contre les plaques ; le n° 5 ne sert que pour les expériences destinées à l'établissement des tables de tir, ou aux exercices des canonniers de la flotte.

Tous ces projectiles, à l'exception des boîtes à mitraille, sont pourvus de deux couronnes d'ailettes de même hauteur. Les ailettes de la couronne antérieure sont plus larges que celles de la couronne postérieure ; les premières sont en zinc, en cuivre dans les obus de 24° et de 27° ; les dernières (plaques isolantes) sont en bronze.

POUDRE

La poudre française est moins vive que la poudre anglaise. Ainsi pour ce qui concerne cette dernière, le canon Woolwich de 9 pouces a donné avec la *large grained rifle powder* une vitesse de 403^m, pendant que, toutes choses égales d'ailleurs, la poudre française ne donnait que 340^m de vitesse initiale.

TABLEAU D'ENSEMBLE ET DÉTAILS DES DIFFÉRENTS CALIBRES

Voici, du reste, un tableau d'ensemble résumant les données principales relatives à la grosse artillerie française, et qui pourra donner une idée de sa puissance et de ses défauts :

	16°	19°	24°	27°
Calibres nominaux	16°	19°	24°	27°
Calibres effectifs, mill.	164,7	194,0	240,0	274,4
Longueur de la pièce, id.	3385,0	3800,0	4560,0	4660,0
Plus grand diamètre extérieur, id. .	634,0	772,0	980,0	1113,0
Longueur de la partie frettée, id. .	1650,0	1740,0	2015,0	2247,0
Nombre des frettes.	7	10	15	22
Epaisseur maxima du frettage, mill.	70,0	95,0	130,0	145,0
Epaisseur maxima sous les frettes, id.	164,65	194,0	240,0	274,3
Poids du canon en quintaux métriques.	100	161	285	440

CANON DE 16ᶜ

Poids du projectile, 45 kil. ; charge, 5 kil. ; contre les plaques, 7 kil. 500. Avec cette dernière charge de poudre (française), la vitesse initiale est de 345ᵐ ; ce serait 360ᵐ avec pareil poids de poudre anglaise. Il faudrait 380ᵐ pour percer une plaque de fer forgé de 0ᵐ,12 d'épaisseur. Sous le rapport de la puissance de pénétration, il est intéressant de comparer la pièce de 16ᶜ française avec le canon prussien de 15ᶜ, à la charge de 7 kil. 500, qui à 150ᵐ perce de part en part une plaque de 15ᶜ,7, la vitesse initiale étant de 409ᵐ.

On tire avec la pièce de 16ᶜ à la distance de 200ᵐ le boulet d'acier cylindrique, et à 600ᵐ le boulet d'acier cylindro-ogival. La boîte à mitraille pèse 20 kil. 500 et contient 27 balles de 53ᵐᵐ de diamètre.

La charge d'éclatement de l'obus Gruson est de 0 kil. 500.

CANON DE 19ᶜ.

Charge, 8 kil. ; contre les plaques, 12 kil. 500, avec un projectile de rupture pesant 78 kil. 500 ; poids de l'obus oblong, 53 kil. avec charge explosive intérieure de 2 kil. 200. Le boulet d'acier cylindrique se tire à la distance de 200ᵐ, l'ogival à 800ᵐ. La boîte à mitraille, contenant 27 balles de 62ᵐᵐ, pèse 28 kil. 500. La charge d'éclatement de l'obus Gruson est de 1 kil.

La vitesse initiale est de 344ᵐ ; elle suffit, pour qu'à la distance de 700ᵐ une plaque de 0ᵐ,12 puisse être encore percée ; mais elle ne l'est plus pour les plaques de 0ᵐ,15 ; il faudrait pour cela une vitesse initiale d'au moins 364ᵐ, qu'on peut à peine obtenir avec 12 kil. 500 de poudre anglaise.

Ici la supériorité du système prussien est frappante en ce
sens que l'obus prussien de 15ᶜ, à la charge de 7 kil. 500,
perce à 150ᵐ une plaque de 15ᶜ,1 d'épaisseur, tandis que
c'est à peine si le canon français de 19ᶜ perce à la charge
de 12 kil. 500 une plaque de 15ᶜ à bout portant.

CANON DE 24ᶜ.

Charge 16 kil. ; contre les plaques 20 kil. (et même
24 kil.; mais cette charge est suspecte, vu les dangers qu'elle
présente au point de vue de la résistance de la pièce ; aussi
n'est-elle pas réglementaire).

Poids du boulet de rupture, 144 kil. ; poids de l'obus
oblong, 100 kil. avec 4 kil. 2 de charge explosive intérieure.
Le boulet d'acier cylindrique est employé jusqu'à 600ᵐ,
l'ogival jusqu'à 1200ᵐ. La boîte à mitraille contenant
57 balles de 59ᵐᵐ, pèse 54 kil. 5 : le poids des balles est
de 0 kil. 880. La charge d'éclatement de l'obus Gruson est
de 1 kil. 490.

Avec la charge de 20 kil., la vitesse initiale est de 320ᵐ ;
elle suffit pour qu'à 800ᵐ de distance on puisse encore percer
une plaque de 0ᵐ,15. On obtiendrait ce même résultat à
1200ᵐ avec 24 kil. de poudre française, à 2000ᵐ pour le
même poids de poudre anglaise ; les vitesses initiales seraient
respectivement de 336ᵐ et de 350ᵐ ; mais, quelque faible
que soit la distance, avec ces dernières vitesses, le projectile serait impuissant pour percer des plaques de 0ᵐ,22.

CANON DE 27ᶜ.

Charge de 24 kil. ; contre les plaques 36 kil., réduite à
30 kil. pour les pièces de construction primitive dont le fret-
tage est moins en avant ; poids du projectile de rupture,
216 kil., de l'obus allongé, 114 kil., contenant une charge

explosible de 6 kil., la charge d'éclatement de l'obus Gruson est de 2 kil. 130. Il n'y a pas encore de boîte à mitraille.

A la charge de 36 kil. la vitesse initiale est de 342^m; elle suffit pour percer une plaque de 22^c, mais seulement à bout portant ; la plaque de 15^c est percée dans la même circonstance, avec un excès de force, bien entendu.

Parmi celles des pièces prussiennes que l'on peut comparer aux canons français de 24^c et de 27^c au point de vue de l'effet sur les plaques, nous citerons le canon fretté de 21^c qui, à la charge de 17 kil. perce, à la distance de 470^m, une plaque de $22^c,7$; tandis que le canon de 24^c français est tout à fait impuissant contre une plaque de 22^c, quelle que soit la distance, et que le canon français de 27^c ne perce celle-ci qu'à bout portant.

OBUSIER RAYÉ

Indépendamment de ces 4 bouches à feu, la marine française possède encore un obusier rayé de 22^c.

C'est l'ancien canon-obusier lisse de 22^c en fonte, qu'on a rayé et fretté et qui se charge toujours par la bouche. Il est destiné au tir vertical, et il peut, à la rigueur, remplacer sous ce rapport le mortier à plaque de 32^c qui, à la charge de 14 kil., porte à 4000^m, mais avec une justesse fort médiocre.

Les 3 rayures de l'obusier de 22^c sont paraboliques; l'angle de l'hélice avec l'axe du canon est $6°$ à la bouche.

La longueur de la pièce est de $2^m,84$, celle de l'âme est de $2^m,352$, le calibre est de 223 mil. 3 ; poids de la bouche à feu, 3700 kil.; les charges varient de 1 à 6 kil., et la portée maxima est de 5200^m.

PROJECTILES

Voici la nomenclature des projectiles :

1° Boulet plein cylindrique de 82 kil., destiné à tirer contre les cuirasses à la charge de 6 kil., on pense en obtenir un bon résultat, à la distance de 100^m, si les plaques n'ont pas plus de 0^m,12 d'épaisseur ;

2° Obus oblong de 80 kil., avec charge explosible de 4 kil., destiné au tir en bombe pour enfoncer le pont des navires ;

3° Deux sortes de boîte à mitraille, contenant différents calibres de balles en zinc. Poids de la première, 31 kil. 100, de la seconde, 39 kil., charge de tir commune, 5 kil.

CANON LISSE DE 42^c SE CHARGEANT PAR LA CULASSE

Nous terminerons par quelques détails au sujet d'une bouche à feu française, due au plus singulier des caprices, et qui mérite qu'on s'y arrête un instant, aussi bien pour les particularités de sa construction que pour les raisons qui leur ont donné naissance. Il s'agit du canon lisse de 42^c, se chargeant par la culasse — *lisse* et *se chargeant par la culasse*. Cela peut paraître au premier abord une *contradictio in adjecto* (*sic*) et pourtant rien n'est plus vrai.

En 1867, au moment où l'on terminait avec une activité sans pareille les dernières dispositions pour la grande Exposition universelle de l'industrie, on entendit vaguement parler en France d'un canon monstre, se chargeant par la culasse, qu'on était en train de construire, d'après le système Krupp, à l'usine d'Essen, et qui devait figurer, indirectement il est vrai, avec la collection des systèmes réglementaires prussiens. Aussitôt la vanité française prit feu, et pour lui donner satisfaction, le gouvernement dut au moins essayer d'improviser une bouche à feu qui pût paraître à côté de ce redoutable concurrent. — C'est pour cela que, vers la fin de l'Exposition, on vit amener, dans les galeries du Champ-de-Mars un canon lisse, non encore terminé, fretté, en fonte, se chargeant par la culasse et du calibre de 42ᶜ, 6° de plus que celui du canon du calibre de 1,000 livres exposé par Krupp ; ajoutons que sous tous les autres rapports il était inférieur à ce dernier. Les dimensions de la pièce Krupp produisaient un grand effet sur les *pékins* (Laien) qu'en revanche impressionnait médiocrement le canon de 42ᶜ. On entendait dire aux nombreux curieux qui stationnaient autour du canon de 1,000 livres : Voici le grand canon prussien, tandis que la vue du canon de 42ᶜ ne leur arrachait aucune exclamation de surprise.

Disons, d'ailleurs, qu'il y avait deux spécimens de ce dernier canon, sorte de protestation rédigée en *duplicata* contre l'acier fondu ; il est vrai de dire que, même si elles avaient été achevées, ces deux bouches à feu n'eussent été susceptibles d'aucun emploi pratique. On avait d'abord l'intention de leur faire tirer un projectile de 780 kil. en acier, idée en l'air qu'on fut obligé d'abandonner, car on s'aperçut ensuite que les dimensions et épaisseurs adoptées étaient trop faibles pour résister aux tensions qu'aurait occasionné le tir d'un projectile dont la longueur eût été en rapport avec le calibre. On se contenta d'envoyer à Gâvre une des deux bouches à feu (celle qui n'avait pas figuré à l'Exposition) ; là on avait l'intention de lui faire tirer, toujours à âme lisse, un projectile plein particulier de 304 kil. (le boulet plein sphérique n'aurait pesé que 250 kil.) ; mais on ne donna même pas suite à ce projet, et nous ignorons ce qu'est devenu, depuis lors, ce canon mort-né, issu de la plus singulière des fantaisies. Dans tous les cas, il n'a pas plus été introduit dans le service de l'artillerie de la marine française, que le canon primitivement projeté de 32°, devant faire suite dans les séries au canon de 27°.

Comme signe très-caractéristique, nous devons ajouter qu'à l'Exposition même figuraient néanmoins des boulets sphériques de 32°, et même des obus oblongs de 42° (destinés, par conséquent, à un canon rayé).

CRITIQUE DU SYSTÈME FRANÇAIS

A propos du système français, en fait de canons de gros calibre et du jugement qu'on peut exprimer à ce sujet, nous croyons utile de citer l'opinion du général don Francisco-Antonio de Elorza. Cet officier avait été chargé par son gouvernement, en 1867, de parcourir l'Europe, d'étudier, dans les différentes puissances, les systèmes d'artillerie de côte et de marine, et de rapporter dans son pays les éléments nécessaires pour établir les bases d'un système d'artillerie de gros calibre. De retour en Espagne en décembre 1867, il dut adresser à son gouvernement une relation concernant l'objet de sa mission, relation où il parle avec détail des bouches à feu de l'artillerie française, qu'il recommande d'adopter sans réserve ni modification. Il ajoute que, à la vérité, les pièces frettés en acier fondu lui paraissent présenter, au point de vue de la résistance et de la sécurité, des garanties plus sérieuses comparativement à tous les autres systèmes ; que, néanmoins, l'adoption des pièces d'acier serait trop onéreuse pour les finances de l'Espagne; que, pour cette raison, on ferait bien de s'en abstenir, quand même l'Espagne serait en état d'entreprendre par elle-même cette fabrication ; qu'il faut même se réserver au sujet de l'acier Bessemer, malgré les bons résultats que celui-ci a donnés jusqu'alors, ces bons résultats ayant besoin encore, pour être confirmés, de l'expérience de plusieurs années. Bref, il termine en se prononçant pour l'admission ultérieure du système français sans changement aucun, en disant qu'on peut commencer sans crainte la fabrication sur une grande échelle, celle-ci étant facile, simple et particulièrement économique.

En effet, sous ce dernier rapport, le système français présente d'incontestables qualités ; mais il y a une ombre au tableau, car à côté de ses qualités les défauts sont d'une importance capitale.

Pour ce qui concerne la vitesse initiale et la force vive correspondante (laquelle force vive se manifeste, on peut le dire, au premier plan, dans le tir contre les plaques), les canons français sont tout à fait inférieurs aux canons des autres puissances, spécialement au canon prussien, comme les chiffres cités plus haut l'ont déjà surabondamment démontré. Voici le tableau de ces vitesses et de ces forces vives.

BOUCHES A FEU.	RAPPORT du POIDS DE LA CHARGE au poids du projectile.	VITESSE INITIALE EN MÈTRES.	FORCE VIVE $\dfrac{p\,v^2}{2\,g}$ EN KILOGRAMMÈTRES
Canon de 16°.	$\dfrac{1}{6}$	345	171396
— 19°.	$\dfrac{1}{6,3}$	344	297340
— 24°.	$\dfrac{1}{7,2}$	320	471860
— 27°.	$\dfrac{1}{6,2}$	342	808455

En regard de ces nombres, nous n'en ferons ressortir que deux relatifs à un seul canon prussien, celui de 21° fretté, tirant, à la charge de 17 kil. un obus du poids de 87 kil. 5.

La vitesse initiale étant de 420^m, la force vive qui en résulte est de 56700 kilogrammètres (*).

L'infériorité des canons français doit être attribuée d'une part, au principe même d'après lequel le projectile est guidé par les ailettes dans la bouche à feu : ailettes dont la disposition sur ledit projectile nécessite un vent, d'où résulte une certaine déperdition de gaz ; d'autre part, au peu de vivacité de la poudre française. Une poudre plus brisante, dont l'absolue nécessité est démontrée par les expériences anglaises pour les pièces se chargeant par la bouche, serait trop offensive pour les pièces françaises ; chez celles-ci, ni les parois ni les pièces de fermeture ne sont en état de supporter les pressions énormes développées dans les canons de Woolwich. On ne peut méconnaître, croyons-nous, que les défectuosités du système français ne tiennent trop aux conditions mêmes de son établissement, pour qu'on puisse espérer les faire disparaître, grâce à des modifications superficielles ou n'intéressant que peu les principes fondamentaux ayant servi à sa construction (**) : nous pensons, au contraire, qu'une transformation radicale est seule capable d'apporter un remède à la situation.

Le défaut capital est le manque de vitesse à la sortie de la bouche à feu, d'où, non-seulement insuffisance dans la force vive au moment du choc contre les objets résistants comme les cuirasses, mais encore dans la tension dans la trajectoire, la grandeur de la zône dangereuse, et aussi dans la justesse du tir, ce facteur si important pour l'évaluation

---

(*) Brochure du capitaine russe de DOPPELMAIR : *Les Canons prussiens se chargeant par la culasse*, page 47.

(**) Des expériences tout à fait récentes, exécutées à Gâvre avec de la poudre de Wetteren (Belgique), sorte de poudre *pebble*, ont donné dans le canon de 24^c des vitesses initiales dépassant 410^m.

(Note du traducteur).

de l'effet utile d'une bouche à feu. A quoi tient ce défaut de justesse dans les canons français, ce manque d'identité des trajectoires, comparativement aux canons prussiens? Est-il besoin de dire que la supériorité du canon prussien tient indubitablement à son mode de chargement par la culasse avec projectile de compression, bien autrement favorable à la justesse que le mode de chargement, soit par la bouche, soit par la culasse, avec conduite dans l'âme au moyen des ailettes ?

Nous avons indiqué plus haut en quoi consiste le mode d'obturation des canons français et leur système de fermeture; il nous reste à dire quelques mots sur la résistance et la durée des bouches à feu. Le général Elorza, ainsi que la *Revue Maritime et Coloniale* (1er trimestre de 1869), mentionnent plusieurs séries d'essais, concernant la résistance des pièces de différents calibres, et dont les résultats auraient été fort satisfaisants. Mais les données sur lesquelles s'appuient ces conclusions nous paraissent fort peu d'accord entre elles ; de plus ces données semblent d'une exactitude assez douteuse pour que lesdites conclusions puissent nous convaincre. Les frettes de fer forgé ne sauraient, dans aucun cas, être comparées, au point de vue de la résistance, avec l'acier des canons Krupp.

Au surplus, il ne faut pas croire qu'en France même on soit enchanté, dans les cercles militaires, des qualités des dites bouches à feu et même qu'on s'y fasse illusion au sujet de leurs défauts essentiels. Ainsi le numéro du *Spectateur militaire* de février 1869 s'explique carrément à ce sujet : « Les expériences de tir avec notre canon de 24ᶜ sont loin d'avoir donné des résultats aussi favorables que les expériences belges sur les canons Krupp en acier fondu. Nos pièces ont été fortement éprouvées ; les dégradations doivent être attribuées exclusivement au métal de la bouche à feu (fonte), dont le peu de résistance nécessite un renouvellement fréquent et partant dispendieux des pièces, ce qui n'arrive pas avec l'acier Krupp. D'autre part, notre poudre ne nous paraît point posséder assez de puissance balistique, car avec 24 kil. de charge, la vitesse initiale ne dépasse pas 336ᵐ (16 mètres de plus seulement qu'avec la charge de 20 kil.), nombre fort inférieur à ceux que l'on a obtenus soit en Prusse, soit en Belgique, soit en Angleterre, soit en Russie. »

Comme on le voit, d'après cet aveu dépouillé d'artifice et appuyé sur des faits irréfutables, l'opinion des gens du métier ne juge pas favorablement, même en France, le système d'artillerie qui fait l'objet de ce paragraphe; d'où l'on peut conclure qu'avant une époque peu éloignée de nous, la grosse artillerie française est appelée à subir une transformation radicale.

4° AUTRICHE

L'artillerie de marine et de côte en Autriche a jusqu'ici fait peu de progrès; nous n'en pouvons dire que peu de chose, vu qu'elle est encore à l'état d'incubation, et qu'il résulte des renseignements les plus nouveaux qu'on n'est pas encore fixé sur le système à choisir. Comme il y a douze ans, lors de l'adoption du canon rayé en Autriche, on paraît hésiter entre le chargement par la bouche et le chargement par la culasse, incertitude fâcheuse dont l'effet est de retarder la création d'une artillerie de gros calibre.

ADOPTION DES CANONS RAYÉS

Après la campagne de 1859, si malheureuse pour l'Autriche, on s'engoua tout naturellement pour l'artillerie du vainqueur, qui venait d'obtenir sur les champs de bataille d'Italie des succès si éclatants; de là l'idée qui fut mise tout d'abord en avant d'introduire en Autriche, pour l'armement de l'artillerie de campagne, le modèle français, dit La Hitte. Mais, comme on s'aperçut bien vite des défauts sérieux inhérents à ce système, on prit la résolution de tout refaire à nouveau et de commencer de nouvelles études au sujet de l'établissement d'un canon rayé de campagne se chargeant par la bouche. On aboutit finalement à la création des canons de 4 et de 8 en bronze avec rayures *au profil en arc de cercle.*

Ces dernières pièces sont, sans contredit, construites d'une façon plus rationnelle que la plupart des canons se chargeant par la bouche ; comme justesse, elles ne le cèdent guère aux pièces se chargeant par la culasse. Ce matériel fit ses preuves dans la guerre de Danemark en 1864 ; il rendit aussi des services importants en 1866, et aujourd'hui encore il est toujours réglementaire, en Autriche, sans modifications essentielles.

Par contre, on avait, pour l'artillerie de siége et de place, tout d'abord donné la préférence au système prussien se chargeant par la culasse, et un grand nombre de pièces avaient été construites.

ARMEMENT DES VAISSEAUX CUIRASSÉS

Après le combat naval de Lissa on acquit la certitude pratique de la complète insuffisance des canons rayés ou lisses d'un calibre moyen, dont la flotte autrichienne était alors exclusivement armée, insuffisance manifeste même contre des cuirasses de médiocre épaisseur. Ceci admis, il devenait indispensable d'adopter le plus rapidement possible des pièces de gros calibre dont la nécessité se faisait sentir d'une manière impérieuse. Aussi, pour aller plus vite, on renonça à entreprendre des études concernant un nouveau modèle ; on préféra mettre simultanément en service deux systèmes de principe différent, le système anglais et le système prussien : une partie des vaisseaux cuirassés reçurent en conséquence des canons Woolwich de 7 pouces ; les autres furent armés avec des canons Krupp en acier du calibre de 21^c, se chargeant par la culasse.

Il semble néanmoins, et la chose s'explique par l'objet même que l'on s'est proposé, que le système prussien gagne de plus en plus dans l'opinion de l'artillerie autrichienne et qu'il tend à se substituer à son concurrent de Woolwich, du moins pour l'armement des derniers vaisseaux cuirassés construits en Autriche, le *Lissa* et le *Custozza*. Sur ces navires ne doit figurer aucun canon anglais ; il n'y aura que des canons se chargeant par la culasse de 4^m 70 de long et du calibre de 24^c, dont 12 pièces sur le *Lissa*. Une de ces bouches à feu a été expérimentée au polygone de Steinfeld, près Vienne, dans l'automne de 1869 ; elle est renforcée à la culasse par deux frettes en acier ; le mode de fermeture consiste en un coin cylindro-prismatique du système Krupp avec obturateur Broadwell. La bouche à feu est du poids de 14000 kil. avec la culasse ; le projectile pèse 125 kil. et la charge (poudre prismatique) 21 kil. 500, soit $\frac{1}{6}$ environ du poids du projectile. La vitesse initiale qui en résulte est de 414^m. Le nombre de coups tirés fut de 216 ; 115 à la charge de 21 kil. 500 et 101 à la charge de 12 kil. 500. Les résultats des expériences furent on ne peut plus satisfaisants ; la pièce et le système de fermeture justifièrent pleinement leur réputation ; la justesse se montra tout à fait supérieure ; plusieurs projectiles, à la distance de 750^m pénétrèrent dans un seul et même trou de la cible.

Indépendamment de cette pièce, on doit prochainement essayer, dit-on, un canon Woolwich de 9 pouces ainsi qu'un canon de 24°, se chargeant par la culasse ; ce dernier, comme disposition de l'âme et appareil de fermeture, appartient exclusivement au système prussien ; mais il est en fer forgé et fabriqué à Elswick par Armstrong, d'après le procédé de fabrication de cet inventeur. C'est donc pour le moment une pièce unique en son genre ; il paraît que le prix ne dépassera pas 45,000 fr.

Concurremment à l'acier fondu et au fer forgé, on expérimente aussi en Autriche comme métaux propres à la fabrication des canons rayés de gros calibre, le bronze et la fonte : le bronze à titre provisoire pour les canons et la fonte pour les mortiers. Les pièces servant aux expériences ont 21° de calibre ; elles sont construites d'après le système prussien avec chargement par la culasse et fermeture à coin. Ces épreuves n'ont donné lieu encore à aucune conclusion.

5° PRUSSE

L'artillerie prussienne peut à bon droit s'attribuer un immense et incontestable mérite ; seule de toutes les artilleries, elle a pu, dès l'abord, et sans aucune idée préconçue, reconnaître que le principe du chargement par la culasse était le seul exact et le seul admissible pour les canons rayés.

Grâce à cette idée victorieusement poursuivie avec une ténacité et une énergie indomptables, elle a obtenu dans sa réalisation de si éclatants succès que nous n'hésitons pas à proclamer le système de l'artillerie prussienne le plus parfait de notre époque.

Il y a trente ans environ, l'infanterie prussienne créa pour son usage un fusil se chargeant par la culasse. Cette arme, à l'étranger, fut longtemps la risée de beaucoup de gens qui la déclaraient tout à fait incapable de rendre aucun service ; d'autres n'y firent jamais attention ; presque personne ne sut au moins l'apprécier à sa juste valeur. Environnée tout à coup de l'auréole de la victoire, elle fut l'objet de l'admiration universelle ; des louanges sans bornes lui furent décernées ; tous les États, sans exception, s'empressèrent, avec une activité fébrile autant qu'aveugle, de l'imiter le mieux possible, afin de ne pas être battus d'une longueur par leurs *chers voisins*, dans ce *steeple* général, avec le terrible fusil à aiguille. Le temps n'est pas loin, nous en sommes convaincus, où, pour la même raison, notre système d'artillerie se frayera partout un chemin et saura réduire à néant, par la force invincible des faits accomplis, les reproches ineptes qu'une jalousie mesquine et haineuse (*hamische*) leur a souvent adressés.

ARTILLERIE DE MARINE ET DE ÇOTE

Pour l'instant, tous les détails de notre système d'artillerie de marine et de côte ne sont pas encore définitivement arrêtés : en conséquence, il serait oiseux de donner des chiffres dont on ne pourrait garantir l'authenticité, aussi nous bornerons-nous aux généralités qui suivent.

En principe, on a cru devoir admettre sans modifications le mode de construction connu adopté primitivement pour les canons de campagne et de siége, en tenant compte, bien entendu, de l'effet à produire contre les cuirasses ; de là, nécessité d'augmenter autant que possible la vitesse initiale et par conséquent la force vive. Pour cette raison, le rapport du poids de la charge au poids du projectile fut porté de $\frac{1}{8,5}$ et $\frac{1}{14}$ aux valeurs de $\frac{1}{4}$ et $\frac{1}{6}$: de plus on adopta une poudre nouvelle brûlant plus lentement que la poudre ordinaire. Cette poudre, employée pour les grosses charges des canons rayés se chargeant par la culasse, à âme de longueur suffisante, exerce une influence extrêmement avantageuse sur la vitesse initiale tout en n'exigeant de la pièce qu'une résistance proportionnellement moindre.

Mais en raison de la grande vitesse du projectile, il pourrait arriver que celui-ci franchît les rayures, d'où un frottement considérable de l'enveloppe de plomb et une diminution réelle de la justesse ; de sorte que l'on dut, en prévision de cette éventualité, adopter une rayure à pas plus allongé, disposition devenue indispensable du moment que l'on augmentait la charge.

Cette combinaison de grandes charges de poudre *prismatique* (*) avec une rayure à pas relativement très-allongé, se développant sur une grande longueur de partie rayée, s'est montrée, sous tous les rapports, extrêmement avantageuse ; elle donne lieu, non-seulement à un maximum de vitesse initiale, de force vive et de tension pour la trajectoire, mais aussi à une justesse plus grande que tout ce qu'on avait pu obtenir en ce genre avec les canons du système prussien se chargeant par la culasse.

Il s'agissait, en outre, pour tirer tout le parti possible d'aussi précieuses qualités, de trouver une bouche à feu d'une résistance et d'une durée suffisantes associées à un mécanisme de fermeture solide, se manœuvrant avec rapidité, facilité et sécurité, sans préjudice d'une obturation parfaite.

CANONS KRUPP

Les difficultés du problème ont été résolues d'une façon

(*) On entend par poudre *prismatique*, une sorte de poudre dont les grains sont remplacés par des prismes hexagonaux volumineux (environ 15ᶜ cubes) percés de plusieurs canaux parallèles aux faces latérales.

tout à fait triomphante par M. Krupp, industriel à Essen. Il est parvenu à établir un canon fretté en acier fondu, dont la fermeture est à coin cylindro-prismatique, avec obturateur Broadwell et inflammation centrale (dans l'axe de l'âme à travers le coin). Il a fallu pour cela déterminer les épaisseurs les plus convenables à donner au cylindre intérieur et aux frettes, ainsi que le degré de serrage de celles-ci. On s'est appuyé pour cela sur les théories connues concernant la répartition la plus rationnelle du métal dans un cylindre creux, pour que ce cylindre oppose la plus grande résistance possible aux pressions intérieures. Le nombre des frettes varie suivant le calibre de la pièce. Jusqu'ici (*), aucun canon fretté en acier fondu, d'après le système Krupp, n'a encore éclaté; au surplus, les résultats de nombreuses expériences ont établi d'une manière incontestable la supériorité de ce système comparée à tous ceux dont nous avons parlé. Néanmoins, nous croyons devoir insister sur ce point, qu'on ne peut obtenir une garantie tout à fait *absolue* contre l'éclatement subit et violent des bouches à feu après un tir un peu prolongé, qu'en employant comme métal à canon le *bronze*, soit pur, soit combiné par alliage avec d'autres métaux.

La fermeture brevetée (*patentirte*) de Krupp se distingue comme on l'a dit plus haut, par sa construction solide et sûre, par son maniement simple, facile et rapide, et par son excellente obturation. Le service d'une pièce munie de ce système de fermeture, exige du reste moins de temps que celui d'un canon Woolwich d'un calibre moyen (21ᶜ à 24ᶜ); un coup pointé soigneusement ne demande que 50

(*) L'auteur écrivait en 1870. Mais un éclatement vient d'avoir lieu à Cronstadt, au fort Constantin, sur un canon de 9 pouces, après un tir de quelques coups (11 octobre 1871).　　　　(*Note du traducteur*).

à 60 secondes. Un élément dont il faut aussi tenir compte en faveur du mode de chargement par la culasse, est celui qui a trait à la sécurité des servants, à la facilité du chargement et de l'écouvillonnage après chaque coup, surtout quand il s'agit du tir derrière des parapets, à travers des embrasures ou des sabords.

Aujourd'hui l'usine Krupp fabrique des canons frettés en acier de 15ᵉ, 21ᵉ, 24ᵉ, 26ᵉ et 28ᵉ pour le compte de différents états (*). C'est le même établissement qui a fabriqué comme on l'a dit plus haut, le canon de 1,000 livres (calibre 36ᵉ), lequel a produit tant d'effet à l'Exposition internationale de Paris en 1867. La bouche à feu en question pèse 50,000 kil. avec le mécanisme de culasse ; l'âme a 35ᵉ,6 de diamètre ; la longueur totale est de 5ᵐ,35 ; le plus grand diamètre de la culasse 1ᵐ,53 ; la longueur de la partie rayée est de 2ᵐ,35 ou seulement 7,28 calibres. Ce n'est donc pas à proprement parler, un canon, mais une sorte d'obusier rayé. Primitivement on avait décidé qu'il aurait 5ᵐ,80 de longueur (18 pouces en plus) ; mais un petit défaut dans le voisinage de la bouche fit renoncer à ce projet. L'obus pèse 480 kil. ; une charge de 75 kil. lui communique une vitesse initiale de 336ᵐ. La pièce est renforcée à la culasse par 3 frettes et à la bouche par 2. On introduit la charge par le côté. Derrière le coin, le métal est percé d'une ouverture cylindrique de petit diamètre pour le placement

(*) On trouve dans la brochure déjà citée plus haut, du capitaine DOPPEL-MAIR, des renseignements très-précis et très-détaillés sur les expériences comparatives exécutées en 1868 au polygone de Tegel, d'une part, avec des canons prussiens de 21ᵉ et 24ᵉ, et d'autre part, avec un canon de Woolwich de 9 pouces. Le même ouvrage mentionne d'autres expériences de tir avec des canons prussiens de gros calibre.

N. B. La brochure en question a été traduite du Russe par le lieutenant-colonel MARTIN DE BRETTES (Dumaine, libraire-éditeur, 1869).

de l'étoupille. M. Frédéric Krupp doit mettre sous peu à la disposition du gouvernement prussien un affût avec châssis pour l'usage de cette dernière bouche à feu, laquelle peut être un jour appelée à jouer un rôle glorieux et décisif dans la défense de la rade de Kiel, où se trouve le port militaire le plus important de l'Allemagne du Nord.

6° RUSSIE

La Russie s'était tout d'abord laissé entraîner, par l'exemple de la France, à adopter le système de chargement par la bouche. Elle possédait déjà un grand nombre de canons de 4 en bronze (système dit la Hitte) se chargeant par la bouche, et l'on avait déjà commencé à appliquer le mode de chargement par la bouche à des canons en acier de gros calibre. Mais ces derniers ayant fait un *fiasco* complet, l'artillerie russe prit le parti de s'arrêter à temps dans la fausse voie où elle était engagée et dut se décider à une réforme radicale. En conséquence, si la Russie ne possède pas encore complétement le même système d'artillerie que la Prusse, elle a du moins adopté en grande partie les mêmes calibres et elle utilise des canons en acier provenant de l'usine Krupp.

En même temps que l'acier, on étudie depuis peu, en Russie, avec une grande ardeur, le bronze comme métal propre à la fabrication des pièces de gros calibre. Ainsi on fond en ce moment, à titre d'essai, des canons et des mortiers en bronze du calibre de 8 et 9 pouces (21ᶜ et 24ᶜ). Le canon de 8 pouces pèse 10000 kil., celui de 9 pouces, 16150 kil. et le mortier de 9 pouces 6000 kil. On applique pour la fabrication de ces pièces un procédé spécial et nouveau, procédé analogue à celui qui est employé pour la

construction des pièces frettées en acier et qui est basé sur
une répartition méthodique du métal. Ce procédé est le
suivant : on coule tout d'abord la pièce proprement dite
sur un noyau creux dans lequel circule continuellement un
courant d'eau froide (procédé Rodman) ; on tourne ensuite
la pièce de manière à en réduire l'épaisseur d'environ
4 pouces (1 décimètre à peu près) ; puis on coule tout autour
une ou plusieurs enveloppes de bronze, sans refroidir l'intérieur. Les résultats obtenus apprendront sans doute si cette
manière de faire a une valeur réellement pratique et si elle
offre de nouvelles chances de succès à l'emploi du bronze
pour les pièces de gros calibre.

D'autre part, s'il faut ajouter foi aux nouvelles militaires
concernant la Russie, données par les journaux, il paraîtrait
qu'on aurait non-seulement armé plusieurs *monitors* avec
des canons lisses de 15 pouces en fonte, mais aussi qu'on
aurait fondu à Perm et soumis à des expériences de tir un
canon lisse de 20 pouces (canon Rodman de 1000 livres).
En admettant qu'il en soit ainsi, il y aurait, dans cette imitation du système suranné des Américains, un écart déplo-
rable et sans utilité, en dehors de la voie du véritable
progrès.

CONCLUSION

Jetons, en terminant, un coup-d'œil rétrospectif sur l'état
actuel de l'artillerie de marine et de côte dans les différentes
grandes puissances, et résumons-nous ainsi qu'il suit.

Quatre États, la Prusse, la Russie, la France et l'Angleterre possèdent des systèmes complets et bien définis. Parmi
ceux-ci, le premier rang appartient d'une manière incontestable au système prussien (et russe) ; le système anglais

vient ensuite ; puis, au troisième rang, le système hybride adopté par la France. L'Autriche est sur le point d'arriver à une solution définitive, et l'Amérique du Nord s'est, de son côté, courageusement décidée à rejeter radicalement le système actuel reconnu insuffisant pour reprendre par le commencement la longue et difficile série des expériences et des études.

Aujourd'hui encore, animés par l'ardeur de la lutte, tous les esprits s'élancent, par des voies bien différentes, à la recherche d'une solution. Jusqu'ici, il est impossible de pronostiquer quelle sera l'issue de ce concours effréné, engagé entre l'artillerie et les cuirasses, ou encore entre l'artillerie et l'artillerie. Cependant toutes ces voies différentes finiront par aboutir à un but unique, c'est-à-dire au système le plus parfait d'artillerie de gros calibre. Un grand nombre sont encore égarés dans les sentiers de l'erreur : bien peu ont enfin trouvé la véritable voie. Bonne chance pour ces derniers !

APPENDICE

———

I

Sous ce titre : *Les armes de guerre; historique de leurs perfectionnements depuis l'âge de pierre jusqu'à l'invention du fusil à aiguille*, par Auguste Demmin, l'éditeur Seemann (Leipsig, 1869) a publié une sorte de manuel de la science des armes. Ce livre, qui est plutôt une sérieuse étude d'archéologie qu'un ouvrage d'artillerie proprement dit, contient des données intéressantes sur plusieurs canons géants des temps passés, canons peu connus d'ailleurs, et dont nous dirons quelques mots.

L'arsenal de Vienne renferme un canon géant en fer forgé, remarquable surtout par son énorme calibre (110°); par contre, sa longueur n'est que de 2ᵐ 50. Extérieurement il ressemble considérablement à la *Tolle Grete* et au *Mons Meg*. L'âme est formée d'une couche cylindrique de barres de fer juxtaposées parallèlement à l'axe de la pièce et maintenues en place par une série de frettes transversales. D'après une inscription gravée sur un petit écusson encastré entre les deux anses, ce canon a été forgé à Steyr en Autriche dans la première moitié du xivᵉ siècle. Tombé plus tard entre les mains des Turcs, il fut repris par les Autrichiens en 1529.

Un autre canon géant remarquable peut se voir aujour-d'hui au Musée d'Artillerie français. Longueur totale, 4ᵐ; calibre, 60ᶜ; il porte l'inscription suivante en allemand : « Je m'appelle Catherine. Ne vous fiez pas à mon contenu. « Je punis l'injustice. Georges Endorfer m'a fondue. — « Sigismund, archiduc d'Autriche, en 1404. »

II.

Au mois d'août 1869, on entreprit, au polygone de Wol-kow, près de Saint-Pétersbourg, des expériences ayant pour objet le tir d'un canon rayé de 28ᶜ se chargeant par la culasse. Il s'agissait de constater les effets du projectile contre une cible représentée par le bordage cuirassé du vaisseau anglais l'*Hercules*. Nous reproduisons, à ce sujet, les communications suivantes, extraites du rapport publié en 1869 par le n° 12 du *Journal de l'Artillerie russe*, dont la traduction a été insérée, en 1870, dans le 67ᵉ volume des *Archives de l'Artillerie et du Génie prussiens*.

Le canon de calibre de 28ᶜ (11 pouces anglais) sortait de la fabrique d'acier fondu de Krupp. Primitivement des-tiné à être chargé par la bouche, on lui avait donné une longueur plus courte de 27 pouces anglais (69ᶜ) que celle qui a été définitivement adoptée. L'expérience a fait voir qu'il a bénéficié, à cette augmentation de longueur, de 15 mètres dans la vitesse initiale avec les charges maximas en usage.

La cible de l'*Hercules* était composée de la manière sui-vante :

1° Trois plaques de fer forgé : longueur, 4ᵐ,88, hauteur, 1ᵐ,12, épaisseur de la plaque supérieure, 152 mil., épaisseur des plaques inférieures, 229 mil.;

2° Une muraille en bois de teak formée de poutres horizontales de 305 mil. d'équarrissage, entre lesquelles on avait interposé des plaques de tôle de 25 mil. 4 d'épaisseur et de 305 mil. de largeur. Ces plaques de tôle étaient renforcées par des cornières ;

3° Une plaque de fer de 25 mil. 4 d'épaisseur ;

4°   id.   id.

5° Poutres verticales en bois de chêne de 229 mil. d'équarrissage ; entre lesquelles on avait aussi placé 9 plaques de tôle de 25 mil. 5 sur 229 mil. de largeur ; ces plaques de tôle étaient renforcées par des cornières ;

6° Une rangée horizontale de poutres en chêne de 152 mil. d'épaisseur ;

7° Une rangée horizontale de poutres en chêne de 229 mil. d'épaisseur ;

8° Une plaque de tôle de 25 mil. 4 d'épaisseur.

En résumé, le profil du bordage consistait en 916 mil. de bois, 228 mil. de fer dans le tiers supérieur, 305 mil. de fer dans les deux tiers inférieurs (abstraction faite de l'épaisseur des plaques de tôle insérées dans la première couche horizontale et dans la première couche verticale de poutres).

Les trois plaques de la cuirasse étaient réunies avec le bordage en bois par 42 boulons (14 par plaque) à tête fraisée et noyée.

La cible était soutenue par des poutres de 356 mil. d'équarrissage, dans lesquelles s'engageaient cinq bandes de fer de 25 mil. 4 d'épaisseur, qui étaient rivées sur la plaque postérieure de la cible.

Les plaques venaient des usines Millwall.

Les projectiles (en acier Krupp) étaient mis au poids réglementaire de 225 kil. au moyen d'un mélange de sable et de limaille de fer.

Les charges étaient de $\frac{1}{6}$, $\frac{1}{6.4}$ et $\frac{1}{7.6}$, ou en poids, 37^k,5, 35^k et 29^k,5.

La charge de 37^k,5 est la plus forte charge du canon de 28^c. On employait les deux autres plus faibles dans le but de produire, à une distance déterminée (427^m), le même effet que la charge de 37^k,5 à diverses distances. Sous ce dernier rapport, le calcul a donné les résultats suivants :

On obtient la même vitesse restante à la distance de 427^m pour la charge de 35^k que pour la charge de 37^k,5 à 683^m, et, avec le nouveau modèle qu'on va bientôt introduire, que pour la charge de 37^k,5 à 1012^m. De même avec la charge de 29^k,5 on obtient le même effet à 427^m qu'avec la charge de 37^k,5 à 1472^m (ou à 1792 avec le futur type). Enfin, cette pièce-type donne les mêmes résultats pour la charge de 37^k,5 à la distance de 768^m que le canon actuel de 28^c à la distance de 427^m pour la même charge.

On ne tire en tout que 5 coups contre la cible.

1er Coup. — Charge, 37^k,5. — Le projectile traverse la plaque inférieure (de 229 mil.), perce d'outre en outre le bordage et va tomber au delà; examiné après le tir, le projectile est refoulé dans le sens de l'axe d'environ 5 mil., mais sans déformation bien visible : le mantelet de plomb est arraché ; un des boulons est brisé ; une des bandes des arcs-boutants postérieurs s'est détachée.

2e Coup. — Charge, 35^k. — Le projectile arrive, après ricochet, contre la cible, la frappe à plat et s'y brise en plusieurs fragments. L'empreinte du coup sur la plaque a d'environ 0^m,75 de longueur, 0^m,30 de largeur et 0^m,12 de profondeur. La plaque est repoussée vers l'arrière d'environ 50 mil. et montre quelques fissures au bord intérieur de l'ouverture provenant du 1er coup.

3e Coup. — Charge 35^k. — Le projectile frappe dans la

ligne de joint des deux plaques inférieures, traverse toute la paroi, ricoche à 53ᵐ plus loin et continue à se porter en avant. Le trou produit est presque identique à celui du 1ᵉʳ coup : un boulon est brisé, une bande d'arc-boutant s'est détachée. Le projectile retrouvé est fendu, suivant deux sections sensiblement perpendiculaires à l'axe.

4ᵉ Coup.—Charge, 29ᵏ,5.—Le projectile frappe la plaque supérieure (152 mil.) au bord inférieur, en effleurant le bord supérieur de la plaque mitoyenne. Le bordage est complétement traversé ; le trou a un diamètre un peu supérieur à celui des trous produits par les coups précédents. Deux boulons sont brisés à la plaque supérieure, un à la seconde, une bande d'arc-boutant est détachée et pliée. Le projectile retrouvé n'a plus de mantelet. Il est, d'ailleurs, à peu près intact, sauf un léger refoulement de 8 mil. qui n'altère pas sensiblement sa forme extérieure.

5ᵉ Coup.—Charge, 29ᵏ,5.—Le projectile atteint la plaque du milieu (229 mil.) dans les environs du bord inférieur et pénètre de toute sa longueur dans la paroi. Après le sondage du trou formé, on constate que la pointe a traversé complétement la plaque (229 mil.), une poutre horizontale du bois de teak (305 mil.), les deux plaques de fer postérieures de 1 pouce, soit 50 mil. 8, et entamé la couche de poutres verticales sur une profondeur de 100 mil. Quelques rivets sont de plus arrachés, une bande de fer est faussée. Le projectile n'a subi aucune avarie visible.

L'expérience terminée, on reconnut que la cible avait reculé parallèlement à elle-même d'à peu près 0ᵐ,15.

Voici quelles sont les conclusions déduites de ces expériences pour le canon de 28ᶜ :

1° Jusqu'à 800ᵐ environ, le canon de 28ᶜ perce la plaque de l'*Hercules* la plus solidement revêtue, avec un excès de force ;

2° Même résultat à 1100^m, mais avec un faible excès de force ;

3° La distance limite à laquelle on est encore assuré d'occasionner des avaries majeures au revêtement de l'*Hercules* est à peu près de 1300^m. Si, à cette distance, le revêtement total n'est pas traversé, au moins les plaques de fer forgé sont tout à fait percées, et le bordage postérieur est pénétré de telle façon que toute la force, due à l'explosion de la charge intérieure, se trouve utilisée pour l'effet destructeur ;

4° A 1800^m, le projectile pénètre encore de toute sa longueur dans la cuirasse ;

5° A la même distance, la cible de l'*Hercules*, quand elle n'est revêtue que de plaques de 152 mil. est complétement traversée.

Si l'on conservait encore quelques doutes à l'endroit de supériorité du système prusso-russe sur les autres artilleries connues, cette dernière expérience serait tout à fait de nature à les faire disparaître, car il en résulte que le canon prussien de 28° dont on vient de parler, surpasse de beaucoup, comme effet produit, les canons de 12 et 13 pouces (305 et 330 mil.) des systèmes Armstrong et Woolwich, se chargeant par la bouche. Quant au canon français de 27°, dont nous avons cité plus haut les maigres résultats en fait de vitesse initiale, il ne peut, bien entendu, lui être comparé en aucune façon.

Le modèle prussien de 28° doit avoir 2 calibres en plus que le modèle russe employé dans les expériences précédentes, d'où il résultera, en fait de vitesse initiale et de force vive, une augmentation notable.

TABLE DES MATIÈRES

CINQUIÈME PÉRIODE. — LES CANONS RAYÉS ET LES CUIRASSES. — ÉTAT ACTUEL DE L'ARTILLERIE CUIRASSÉE CHEZ LES DIFFÉRENTES PUISSANCES. — INTRODUCTION DES CUIRASSES DE NAVIRES ET CONSÉQUENCES POUR L'ARTILLERIE.   43

Évreux, A. Hérissey, imp. — 672.